立于忠诚 成于责任

钱前 / 著

LIYU
ZHONGCHENG
CHENGYU
ZEREN

中华工商联合出版社

图书在版编目(CIP)数据

立于忠诚 成于责任 / 钱前著. -- 北京：中华工
商联合出版社，2019.2

ISBN 978-7-5158-2450-5

Ⅰ.①立… Ⅱ.①钱… Ⅲ.①成功心理－通俗读物
Ⅳ.①B848.4－49

中国版本图书馆CIP数据核字（2019）第 000670 号

立于忠诚 成于责任

作　　者：钱　前
责任编辑：吕　莺　董　婧
封面设计：张红涛
责任审读：李　征
责任印制：迈致红
营销推广：王　静
出版发行：中华工商联合出版社有限责任公司
印　　刷：河北飞鸿印刷有限公司
版　　次：2019年5月第1版
印　　次：2022 年4月第2次印刷
开　　本：710mm×1020mm　1/16
字　　数：90千字
印　　张：16.75
书　　号：ISBN 978-7-5158-2450-5
定　　价：45.00元

服务热线：010-58301130
销售热线：010-58302813
地址邮编：北京市西城区西环广场A座
　　　　　19-20层，100044
http://www.chgslcbs.cn
E-mail: cicap1202@sina.com(营销中心)
E-mail: gslzbs@sina.com(总编室)

目录
Contents

第一章
打造忠诚的员工

第二章
机会总是留给忠诚的人

第三章
忠诚的员工懂得感恩

第四章
责任心让合作绽放花朵

第五章
责任在肩，永不卸下

第六章
责任感是事业成功的基石

立于忠诚
成于责任

第一章
打造忠诚的员工

　　对于任何公司而言，打造忠诚的员工是非常必要的。忠是指忠于职守，尽心竭力。诚是指诚信，诚实，真诚。忠诚就是指员工对公司、事业、上级、同事等真心诚意，尽心尽力，没有二心。同时，忠诚还代表着诚信、守信和服从。

　　一个公司倘若拥有一支忠诚的员工队伍，可以说是战无不胜，攻无不克。公司领导也会对企业中忠诚的员工委以重任，因为忠诚自古以来都是为人所称赞的优良品质，中国传统文化中的"五德"也以"忠"为首位。所以，员工必须有忠诚的精神，才能赢得企业的信任。

忠诚至高无上

士兵必须忠诚于统帅，同样，员工必须忠诚于自己的公司和职业，这是员工的责任和义务。国际知名企业可口可乐集团董事长理查德·布兰森说："忠诚的品质对公司发展是最重要的。任何对公司忠诚的员工都能够创造出忠诚的客户来，而后者又能吸引更多的股东。这说明忠诚的品质和忠诚关系的建立是使现代企业真正有效运转的关键所在。"

有一家原本生意不错的公司，在其中一个合伙人"跳槽"后，被带走了几乎全部的业务。当时正是销售旺季，以往的许多客户居然都没有来，这家公司陷入了前所未有的危机之中。公司创始人觉得很对不起公司的员工，于是召集员工说："现在，公司面临生存困难，如果有人想辞职，我会立刻批准，虽然在平时我会挽留，但如今我已经没有理由挽留大家了。我给你们发2个月的薪水，在你们找到新的工作之前，这些钱可能还够用。"

"领导，我不走，我不能在这个时候离开。"一个员工说。

"领导，我们一定会战胜困难的。"另一个员工说。

……

"是的，我们不会走的。"很多员工都这样说。

结果，这家公司并没有倒闭，相反，在大家齐心协力下，公司不仅摆脱了危机，而且比以前做得更大更强了。

后来，领导说："我要感谢我的员工们，是他们的忠诚帮助公司战胜了困难。"

的确，是忠诚拯救了这家公司。

朗讯总裁鲁索说："我相信忠诚的价值，我从柯达重回朗讯，承担拯救朗讯的重任，这是我对企业的一份忠诚。我一直把唤起员工对企业的忠诚作为自己努力的方向。"

世界上恐怕只有忠诚才具有这么大的号召力。

对于员工而言，忠诚的含义主要包括两个方面：忠诚于公司，忠诚于职业。

（1）忠诚于公司

忠诚于公司包含忠诚于领导。没有一个领导不喜欢忠诚的员工，领导们无时无刻不在考察员工中谁是忠诚的、可靠的，谁又是不忠诚的、不可靠的。

在一项对部分世界500强企业的总裁所做的调查中，当问到"您认为员工最应具备的品质是什么"时，这些巨头们无一例外地选择了两个字：忠诚。

忠诚是职场中最应提倡的美德。可以说每个企业的发展和壮大都是靠员工的忠诚来实现的，如果公司大部分的员工对公司不忠诚，那么这家公司距离破产也就不远了，员工们也将面临失业的困境。

一位女士因加入了沃尔玛的"利润分享计划"而感到由衷的自豪，她名叫琼·凯丽，是沃尔玛总部的员工，负责处理货物索赔事项。她20岁时进入沃尔玛第25号分店工作，直至现在，可以说是沃尔玛的老员工，她的家人曾多次试图说服琼辞去工作，因为他们认为琼在其他地方能拿到比沃尔玛更高的薪水。然而，琼却选择留在沃尔玛，并最终成为"利润分享计划"中的一员。到了1991年，她的利润分享数字已变成228万美元。正是琼对公司的忠心耿耿使她获得了非凡的收益，现在她靠自己挣的钱完全可以供她的三个宝贝女儿上大学。

我们从琼的故事中可以总结出一个朴素的道理：琼忠诚于自己的公司，她因此而获得的回报也是惊人的。

对员工来说，忠诚公司能带来安全感和归属感；对公司而言，员工的忠诚能给公司带来好的经济效益，能增强企业凝聚力，提升竞争力，降低成本。

一位著名总裁说："在我的用人之道中，有一个很重要的标准就是忠诚。当我与员工争论一个问题时，'忠诚'意味着你把自己的真实想法告诉我，不管你认为我是否会喜欢它，我们是否意见不一致，在这一点上，争论让我感到兴奋。但是一旦做出了决定，争论就终止了，从那一刻起，忠诚意味着必须按照决定去执行，就像执行你自己做出的决定一样。"

（2）忠诚于职业

国外某著名航空公司在开辟该国首都至芝加哥的国际航线时，因为业务需要，在美国招聘空姐。

在招聘中，有个姑娘各方面的条件都很优异，被航空公司的主考官看好，拟任命为领班。在面试就要结束时，该主考官问了一个小问题："我们公司准备在本国用3个月的时间对所有应聘者进行一次培训，这意味着你将远离自己的国家和亲人，你在生活上和感情上能适应吗？"

这个姑娘回答说："我离家在外已经有几年了，自己一个人生活已经习惯了，至于出国，也没关系，说实在的，在这个国家我早已待腻了！出国不是可以多长见识吗？"

主考官听到这番话，脸上的笑容马上消失了，待她走出门后，他在她的表格上画了叉，并对其他人解释说："一个对自己的国家都不忠诚的人，又怎会忠诚于公司、忠诚于职业呢？"

忠诚的反义词是背叛，而人们最憎恶的就是背叛，所以做人就更应该忠诚，忠诚是对自己所坚守的信念的忠实和虔诚。忠诚是一种责任、一种义务、一种操守、一种至高无上的品格。任何人都有责任去信守和维护忠诚，这是对你所从事的工作、所坚持的信念最大的保护，丧失忠诚是对责任的最大伤害，也是对品行和操守的最大亵渎。

无论一个人在企业中以什么样的身份出现，对企业的忠诚度都应该是一样的。一个成功学家说："如果你是忠诚的，你就是成功的。"因此，对于一名员工而言，忠诚就是通向成功之路的通行证。

忠诚，不仅会让一个人获得更多的成功机会，更重要的是它使一个人获得了弥足珍贵的美德。到任何时候，美德都是不会贬值的。所以，如果你渴望成功，就要保持忠诚的美德，让它成为你的做人准则和职业操守，并在此基础上逐步培养正确的职业观，发展真正的好品格，这样，工作总有一天会给你理想的回报。

🎧 忠诚地工作，忠诚地服务职业

工作是上天对人们最大的"恩赐"，也是一个人人生中最重要的事情。所以，我们有什么理由不对工作以及职业心怀感恩呢？

现代社会，每一份工作或每一个工作环境虽然都无法尽善尽美，但每一份工作都会给人报酬，同时，工作会让人成长，也会给人留下许多宝贵的经验和资源。在工作的过程中，诸如失败的沮丧、自我成长的喜悦、温馨的工作环境、值得感谢的客户等等，都会成为一个人宝贵的财富。所以，人离不开工作、离不开职业。而不工作、不学习会让人失去行动的方向，所以，人要每天怀抱着一颗感恩的心去工作，始终忠诚地工作，忠诚地服务职业。这样，你一定会收获许多。

普通办事员晓竹在谈到她被破例派往国外公司随同上司考察时说："我和上司虽然同样都是研究生毕业，但我们的待遇并不相同，他职高一级，薪金比我高出很多。值得庆幸的是，我没有因为待遇不如他就心生不满，仍是认真工作。当许多人抱着多做多错、少做少错、不做不错的心态时，我忠诚地工作，忠诚地服务于我的职业，尽心尽力做好我手中的每一项工作。我甚至会积极主动地找事做，了解上司有什么需要协助的地方，事先帮上司做好准备。因为我在上班报到的前夕，父亲就告诫我三句话：'遇到一位好领导，要忠心为他工作；假设第一份工作就有很好的薪水，那是你的运气好，要感恩惜福；万一薪水不理想，就要懂得跟在上司身边学功夫。'

"我将这三句话牢记在心里，并始终秉持这个原则做事。即使起初位居他人之下，我也没有计较。因为一个人的努力，上司是会看在眼中的。后来公司在挑选出国考察学习人员时，我是唯一一个资历浅、级别低的办事员，这在公司里是极为少见的。"

要做到忠诚于职业、忠诚于领导，就要把自己的心态回归到零，把自己"放空"，抱着学习的态度，将每一次学习都视为一个新的开始，把每一次工作都视为一次新的历练，不要计较一时的待遇得失。人一旦做好心理建设，拥有正确的心态之后，做任何工作都能心甘情愿、全力以赴。

带着忠诚的心态、忠诚地服务于职业的心情工作吧，你会获取最大的成功。

事实上，忠诚地工作、忠诚地服务于职业的精神基于一种深刻的认识：公司为你提供了一个广阔的发展空间，为你提供了可施展才华的场所，对这一切，你都要心存感激，并力图回报。

而要回报公司对你的这些"厚爱"，你只需要做到一点：忠诚。

当然，做到忠诚于职业，需要做到以下几点：

（1）你要忠诚于公司赋予你的工作，全心全意、竭尽所能为公司增加效益，完成公司分派给你的任务，同时注重提高效率，多替公司的发展规划构思设想。

（2）你必须一切从大局出发。当你遭遇到不公平待遇时，请相信这只是暂时的，因为，是金子总会发出光芒的，尤其是当公司的某些制度和你的利益发生冲突时，你一定要正确理解这一切，相信问题会解决的，还有，在公司面临暂时性的经济困难时，也要多想办法帮助公司渡过难关。

员工具有忠诚的品德不仅对个人有益，对公司有益，对其他人也同样有益。通过忠诚，你会发现，人与人之间关系会更加融洽，人也会更积极，更有活力。

所以，除了忠诚于职业，还不要忘了你身边的人，比如你的上司、你的同事，他们了解你、支持你，你要感恩他们，并用优异的工作业绩回报他们，这样，你不仅能得到他们更多的信任和支持，还能给公司带来强大的凝聚力，于你于公司都有益处，何乐而不为呢？

当一个人满怀感激之情、忠心耿耿地为公司工作时，他的事业一定会步步高升，即使他不想，公司也一定会为他设计更辉煌的前景，因为忠诚于工作的人，会成为公司中不可替代之人。

敬业是忠诚的重要表现

职业是人的使命所在，是人类共同拥有和崇尚的一种精神财富，而敬业则是忠诚于职业的重要表现。

从企业的角度来说，任何一家想以竞争取胜的公司都必须设法使每个员工敬业。不敬业的员工无法给企业提供高质量的服务，更无法高效率完成企业交给自己的任务。

敬业通俗说就是尊重自己的工作，将工作当成自己的事，当成"天职"，具体表现为忠于职守、尽职尽责、认真负责、一丝不苟、善始善终等，其中还糅合了使命感和责任感，而使命感和责任感在当今社会不断发扬光大，使敬业精神成为最基本的工作之道。

敬业表面上看起来是有益于公司，有益于老板，但最终的受益者则是员工个人。

当员工将敬业变成一种习惯时，就能从中学到更多的知识，积累更多的经验，就能从全身心投入工作的过程中找到快乐。这种习惯或许不会有立竿见影的效果，但可以肯定的是，当"不敬业"成为一种习惯时，其结果也就可想而知。因为工作上的投机取巧只会给公司带来一些经济损失，但却会在不知不觉中毁掉员工的职业前途。

一个视职业为生命的人也许并不能获得领导的赏识，但至少可以获得他人的尊重。而某些靠投机取巧取得高位之人即使利用某种手段达到了自己的目的，也往往会被视为人格低下，无形中给自己的成功之路设置障碍。工作中，"不劳而获"也许能节省时间和精力，但付出的却是最宝贵的资产——名誉。

因此，不论你的工资多么低，角色多么一般，也不论你的领导多么不器重你，只要你能忠于职守，毫不吝惜地投入自己的精力和热情，渐渐地你就会为自己的工作成就感到骄傲和自豪，也会赢得他人的尊重。而员工以主人翁精神和忠心耿耿的心态去对待工作，工作自然而然就会变成很有意义的事情。

珍妮是一家公司新来的秘书，她每天的工作是整理、撰写、打印各类文件材料。在很多人看来，珍妮的工作显得单调而乏味。但珍妮并不这么认为，她觉得自己的工作很有意义，她说："检验工作的唯一标准是你做得好不好，你是否已经尽职尽责，而不是别的。"

珍妮每天做着这些重复性的工作，久而久之，细心的她发现公司的文件整理和管理存在着很多问题，甚至在经营运作上也有不可忽视的问题。

于是，她每天除了完成必做的工作外，还认真搜集一些资料，包括查找一些以往的材料。她把搜集到的资料整理分类，然后进行认真分析，写出建议。

后来，她把做好的分析结果及有关资料一并交给老板。老板起初并没有在意，后来当他读到珍妮的那份建议时非常吃惊：这个年轻的新秘书，居然有这样缜密的心思，而且将公司的问题分析得细致入微，有理有据。老板决定采纳珍妮所提的多条建议。

从此，老板对珍妮另眼相看，并委以重任。而珍妮除了更加尽心尽职地做好本职工作，还以优异成绩完成老板分配的任务。她把敬业当成了自己的职业习惯。

每个企业或公司的管理者都会为拥有珍妮这样的员工而感到欣慰，而珍妮的敬业也为她赢得了成功的机会。对于敬业，目光短浅的员工认为是为了领导，而目光长远的员工则深知是为了自己。敬业的员工总能在工作中学到比别人更多的经验，而这些经验是一个人向上发展的"踏脚石"，当他以后到其他岗位，从事其他工作时，敬业习惯同样会助他一臂之力。

敬业的员工是老板最倚重的员工，一个人即使能力一般，敬业也可以让他走得更远；而一个人如果十分优秀，敬业会将他带向更成功的领域。所以说，养成敬业习惯的人容易获得成功。

当然，敬业精神不是与生俱来的，对大多数人而言，敬业精神是需要培养和锻炼的，这种培养和锻炼的起点就在迈入职场的那一刻。敬业精神是人一辈子的事，它会使人终身受益。

当我们持之以恒地践行敬业精神时，我们的工作会干得有劲头；当我们由于长期的程序化惯性工作而懈怠之时，不敬业的思想就有可能会侵蚀我们的职业精神，并成为一种令人生厌的不良职业习惯。

态度忠诚，就会敬业工作，忠诚工作，就会尽心尽责。

忠于企业，无怨无悔付出

易卜生说："青年时种下什么，老年时就收获什么。"由此我们能想到，你在企业的土壤中种下什么，企业就会回报给你什么。这就是忠于企业、认同企业、为企业无怨无悔付出的一个重要原因。

一个人即使没有很高的能力，但只要懂得忠于企业、认同企业，懂得无怨无悔付出，同样也能获得高薪的职位。因为如果你忠于企业、认同企业，企业也会肯定你、认同你。所以，如果你愿意把企业的成长当成自己的责任，企业自然会为你创造成长的机会；如果你以积极的热情和全心全意的努力对待工作，那么，你的事业就会在企业发展中得到进步；如果你切实推动了企业的成长，那么，企业一定会给予你相应的回报。

下面这则案例就很好地说明了这一道理。

一个年轻人好不容易在建筑工地上找到了一份打杂的活，一天的工钱是1.7元，这对他而言只够吃饭，但他还是想尽办法每天省下1元钱接济家人。

尽管生活十分艰难，但他知道是工作给了自己生存的基础，于是他怀揣着一份对工作的感恩之情，在工作中付出了比别人更多的努力。2个月后，他被提升为材料员，每天的工资加了1元钱。

靠着忠诚，靠着付出，他站稳了脚跟。之后，他开始思考：要想升职，就要成为工地上不可缺少的人。

于是，他每天都任劳任怨地在工地上工作：夜班工友有随地小便的习惯，怎么说都没有用，于是，他想尽办法鼓励大家文明如厕；一个工友脾气暴躁，喝酒后与承包方要拼命，他想办法平息矛盾，做到使各方都满意；平时，只要有空闲，他还向比他经验丰富的工友学习。

尽管他所做的这些都是小事，但领导却看在眼里。慢慢地，他成为了领导身边的"红人"。

一次，领导告诉他，公司目前在同时进行多个工程，想拿出一个项目让他来负责。他一听，心情非常激动。他想，单位为他提供了这样好的条件，这不是最好的创业机会吗？于是，他答应下来，并马上将各项业务推展开来……

如今，他不仅拥有当地最大的建筑队，还是内蒙古最大的草业经营者之一，每年有1万多户农民给他的企业提供玉米、牧草等原料。

这位创造了奇迹的人叫王东晓，现在是内蒙古金河集团的董事长。

从王东晓的事例中，我们可以看出忠于公司、忠于工作的人是被公司认同的，因为这是一种双赢的结果。

其实，忠于公司、认同公司，也就是忠于自己、认同自己，这是一种非常积极的职业观念，因为公司与个人的利益永远是相辅相成的。

根据马斯洛的需求层次理论，需求的第四个层次就是人有获得尊重的需要。人人都希望自己有稳定的社会地位，希望别人承认自己的能力和成就。这种尊重的需要在工作中可以获得满足，即当你做了一项工作得到别人的认可和称赞的时候，你的尊重需求会得到满足；另外一方面就是当你能够出色地完成工作时，你就会感觉到自豪，从而赢得对自身的认同。

所以，不要看不起自己的工作，无论它是多么的一般、多么的平淡，都要忠于自己的工作，努力做到最好。

∩ 用忠诚和智慧为公司分忧

人无完人，领导也一样。在某些特定的知识、技术领域，领导也可能会有些不足，这时候员工就应当主动工作，为公司分忧解难。

一块大石头往往需要若干个小石头的支撑才能够放稳，企业也是如此。如果每个员工在工作中都能够用自己的忠诚和智慧为公司分忧解难，共同应对工作中的难题，企业就会有大发展，个人也会有长足进步。

小林在一家公司的外事部门工作，他的外事工作知识相当丰富。在公司的一次人事变动中，他迎来了一位新的上司。

这位上司在公司人事部门工作了10年，成绩斐然。但小林发现这位上司在外事知识上有些欠缺，比如在接待外商时缺乏应有的知识，因而常出一些"洋相"。

有一次，公司需要接待一名前来访问的重要外商客户，上司为了表示对此事足够的重视，决定亲自布置接待现场，但小林发现上司不知道该放一些什么样的鲜花和装饰品，于是他主动接过任务，上司同意了。结果，这次接待活动办得非常成功。

事后，小林与上司闲聊时，上司对小林表示感谢，还说以后要多向他学习。

员工除了要用知识弥补领导工作上的不足以外，还应善于为领导排忧解难，不把问题留给领导，比如能主动发现工作中的问题，并采取有效的行动来解决它。

皮特在一家高校的研究所从事研发工作，在工作中皮特发现学校的学生签到系统存在着一些漏洞，比如有一些班级拥挤不堪，而另外一些班级却又太松散，面临被注销的危险。

导师罗格承受着改进学生签到系统的压力，皮特自告奋勇组织攻关，罗格高兴地同意了。后来皮特开发出一个完善的签到系统，导师罗格给予了高度赞扬。在之后的一次组织机构变动中，罗格升任主任，皮特随即被提升为副主任。

要做一名不把问题留给领导的员工，就应当像上述例子中的小林、皮特那样，充分发挥自己的特长来弥补领导工作中的不足，做好"马前卒"，为领导分忧解难。

"比领导更积极更主动"，是全力以赴、忠诚敬业的最高标准。

现今有许多散漫粗心、被动做事的员工，这些人永远为自己的做法找借口，甚至影响了其他员工的努力上进。

一位成功学家聘用两名年轻女孩当助手，替他拆阅、分类信件。这两个女孩均忠心耿耿，但其中一个虽然忠心，却粗心、懒惰，工作上拖拖拉拉，成功学家实在忍无可忍了，便将她辞退。

而对另外一个女孩，成功学家的赞赏之情溢于言表："她实在太优秀了，我简直不知道该怎样赞美她。她的工作是替我拆阅、分类信件，可她所做的却不仅限于此。她看我经常为给读者回信花费太多时间，便主动认真研究我的语言风格，替我给读者回信。她的那些回信和我自己写的一样好，有时甚至比我写的还好。她一直坚持这样做，并不在意我是否注意到她。前段时间，我的秘书因故辞职，这个女孩自然就成了我最满意的秘书备选人。"

事实上，员工比领导更积极主动工作并不容易。

首先要比领导工作的时间更长。比如，需要主动寻找机会为公司做出更多的贡献，增加自己的价值。

另外，任何工作都存在改进的可能。如果员工在接手某项工作之后主动思考、主动提出问题、主动解决问题，在领导提出问题之前把解决答案奉上，必然会深得领导的赞赏。因为员工主动思考能减轻领导的精神负担，使领导不必再为此大费脑筋，可以有更多的时间考虑其他事情。

成功的机会总是偏爱那些能够主动做事、为公司分忧的员工，每一个公司的领导也都在寻找能主动做事的员工，并根据他们的表现来奖赏他们。有些员工自认为自己聪明、工作能力强，对待工作得过且过，甚至认为领导要利用他们的聪明才智赚钱，因此不主动工作；这些人或许很"精明能干"，可由于欠缺忠诚工作、主动工作的精神，于是得不到公司的认同、领导的赏识、同事的赞许，错过了一个又一个升职的机会。

忠于企业，主动工作，为公司分忧，是忠诚的第一课。

把自己当成企业的"合伙人"

很多人认为，员工和企业天生是一对"冤家"，其实不然。没有企业，员工就失去了赖以生存的就业机会；而没有了员工，企业追求利润最大化的愿望也只能是镜中花、水中月。所以说，企业和员工是合作共赢的关系，这就要求员工把自己当成企业的"合伙人"。

企业的生存和发展需要员工的忠诚和敬业，而员工则需要从工作中获得丰厚的物质报酬和精神上的成就感。从互惠共生的角度来看，两者是和谐统一的——企业需要忠诚和敬业的员工才能发展壮大，而员工必须依赖企业的平台才能发挥自己的聪明才智。

所以说，员工与企业的利益是一致的，员工享受着企业提供的优厚待遇的同时，也应为企业着想，积极为企业未来的发展出谋献策并积极工作。即使企业一时遇到困难，也应与企业同舟共济，渡过难关。一个企业，只有上下齐心协力，才能在激烈的竞争中立于不败之地，而企业在赚取利润的同时，员工的利益也会得到持久的保障。

有些员工将自己与企业对立起来，认为企业"剥削"自己。实际上，企业承担的压力和风险比员工更大。我们知道，员工个人的成功是建立在团队成功的基础之上的，因此，若没有企业的快速增长和高额利润，员工也不可能获取丰厚的薪酬。

企业的成功不仅意味着企业经营者的成功，也意味着员工的成功。也就是说，员工必须认识到，只有企业经营者成功了，你才能够成功。企业和员工的关系是"一荣俱荣，一损俱损"的关系，所以，帮助企业及企业经营者获得成功，员工才会获得成功。

而员工帮助企业获得成功有许多方式。企业经营者并非全才，在工作中也会遇到许多难题。这些难题也许不是员工分内之事，可是这些难题的存在却阻碍着团队、企业的发展，员工如果能够帮助企业经营者解决这些难题，无疑会在成功的路上走得更快。

忠诚的员工会与企业经营者保持一致，会把企业当成自己的"家"，因为只有这样，他们才是把自己当成了企业的"合伙人"。

在一个各项制度完善的企业里，每一个员工的升迁都来自其个人的努力，企业经营者所做的只是考察哪些人有资格获得奖励和晋升。有实力的员工都会秉持自己的实力，参与企业的公平竞争，也正因为如此，员工能够感受到自己与企业是一个整体。而那些把自己和企业经营者对立起来的员工，心态消极，这是没有把自己当成企业一分子的做法。

所以，员工与企业绝不是"天敌"，而应是互惠互利、创造双赢的合作者。那些时刻同企业经营者立场一致、并帮助企业取得成功的员工，才能成为企业的中坚力量，才会成为令人羡慕的成功人士。

两匹马各拉一辆车，前面的一匹马走得很好，而后面的一匹马常停下来东张西望，显得心不在焉。

于是，人们就把后面一辆车上的货物挪到前面一辆车上去。等到后面那辆车上的货物都搬完了，后面那匹马便轻快地前进，并且对前面那匹马说："你辛苦吧，流汗吧，你越是努力干，人家越是要折磨你，你真是个自找苦吃的笨蛋！"

到了车马店的时候，主人说："既然只用一匹马就能拉车，我养两匹马干吗？不如留着吃苦耐劳的那匹马，把另一匹马宰掉，总还能拿到一张皮吧。"于是，主人把那匹懒马杀掉了。

企业经营者当然不会把不称职的员工"杀掉"，但肯定会疏远他、解雇他。而剩下的那匹马，似乎表现得"自讨苦吃"，但后来却成为主人不可缺少的拉车马匹。那匹辛苦的马是明智的、理性的，它深知自己身上的责任。

一个人工作时所具有的责任意识，不但会对工作效率有很大影响，而且对于他本人的品格也有重要影响。一个人的工作成果，不仅是其高尚人格的表现，也是他的兴趣、理想的体现。观察一个人所做的工作，就如见其人品性。

其实，一个人从事什么样的职业或在哪个领域工作并没有多大关系，但他是选择平庸还是选择把工作做得最好，这一点非常关键。

忠诚的人是优秀的人，总是会为社会所需要。因此，员工需要忠于工作、全力以赴地工作。

⚫不找借口，坚决服从

判断一个人能否忠于工作，就看他是否在工作中不找借口，坚决服从，并将工作执行到底，即使他所从事的只是简单而平凡的工作。

我们常听到身边有些上了年纪的人感叹说："唉，我这一生也没有什么成就，真是白活了。"确实，人生最大的遗憾与折磨，莫过于到了一把年纪后，事业上却毫无成就。人在年轻时，明明有十分的力气，如果只使出一分，到老年了，就会饱尝由于不敬业、懒惰造成的巨大缺憾。

惠普CEO 马克·赫德说过："具有较强执行力的人能把事情做成，并且做到他自己认为是最好的结果。"一支部队、一个团队，或者是一名战士、一名员工，要完成上级交付的任务，就必须具有不找借口、坚决服从并将工作做彻底的执行力。因为接受了任务就意味着做出了承诺，而完成不了自己的承诺就是不合格的战士、员工，所以，只要在工作岗位上不找任何借口、全力以赴、执行到底，就是好员工。

忠诚的员工从不在工作中寻找任何借口，他们总是把每一项工作都尽力做到超出领导的预期，他们总是能出色地完成领导安排的任何任务，不找任何借口推脱或延迟。他们身上所体现出来的是一种负责、敬业的精神，一种完美的执行力。

弗兰克是一家企业的老总，他很注重对员工个人素质的培养。

有一天，他召集了几个平时表现出色的高级主管，对他们说："我有一个新的改革计划，就是把几个部门的内部制度进行融合、调整、更新。在进行这项工作之前，你们几位先用一个星期的时间到我们公司的外地分厂做全面的考察，然后把你们的所见所闻写成报告交给我，20分钟后开始执行！

弗兰克说完后回到对面的办公室，观察几位主管的动向。他看到那几位主管在一块儿议论纷纷，有人说："天这么热，这么多分厂让我们如何考察啊？"有的说："即使有了新的改革方案，老板也不一定按照我们的考察结果而改动原先的计划啊！"那几位主管一直在那说，迟迟没有开始行动的意思。然而，有一个年轻的主管却站起来对其他几位主管说："时间不早了，我要开始行动啦。"

一个星期过去了，主管们虽然都提交了调查报告，但只有那位年轻的主管得到了提拔，出任市场部的经理助理。

"我必须挑选不找任何借口完成任务的员工。"弗兰克强调说，"企业必须重用不找任何借口、坚决执行任务的员工。"

由此可见，不找任何借口、坚决服从的员工才是合格的员工。

服从是一种美德，职场中人必须以服从为第一要义，不懂服从，没有服从观念，就不能在职场中立足。服从是自制力的一种表现，每一个员工都应深刻认识服从精神的意义。每一位员工都必须服从领导的安排，就如同军人必须服从首长的指挥。

在员工和老板的关系中，服从是第一位的，是天经地义的。下级服从上级，是上下级开展工作、保持正常工作关系的前提，是融洽相处的一种默契，也是上级观察和评价自己下级工作是否努力的一个标准。因此，如果想成为一名合格的员工，就必须服从上级的命令。

任何员工只要处在服从者的位置上，就要遵照上级指示做事。服从的人必须暂时放弃个人的独立自主意识，不找借口，全心全意去遵循所属机构的价值观念。在任何高效的企业中，服从观念都是深入人心的。而忠诚的员工必须具有服从意识，因为上司的地位、责任使他有权发号施令，同时上司的权威和公司的整体利益也不允许员工抗令而行。在一个团队里，如果下级不能无条件地服从上级的命令，那么在达成共同目标时，就很可能产生障碍，使团队发挥不出超强的执行力，不能在竞争中胜出。

当然，上司的决策也有错误的时候，但是员工还是应该以服从为第一要旨，坚决服从上司的命令。你可以大胆地说出你的想法，让你的上司明白，作为下属的你不是在机械地执行他的命令，你一直都在斟酌考虑怎样做才能更好地维护公司的利益和他的利益。但是，无论你在公司的职位有多高，只要你身为公司的员工，就要谨记一点：你是来协助而不是代替上司完成经营决策的。所以，哪怕上司的决定不尽如你意，甚至与你的意见完全相反，当你的建议无效时，你都应该完全放弃自己的意见，尽心尽力去执行上司的决定。在执行时，如果发现这项决策的确是错误的，要尽可能地使这项错误造成的损失降到最低限度，这才是你应有的态度。

平心而论，一家公司即使没有森严的等级制度，但也会有最基本的上下级关系。在工作中，老板与员工的地位、身份不同，处理问题的方式也会有不同。即使上司的决定有所偏颇，你也应该冷静下来，找机会把问题分析清楚，而不应因一时冲动使矛盾升级，使事态扩大。因为上司要维护自己的尊严、权威，你如果当面指责他，会产生不良后果。

所以，身为下属，最忌讳的就是不服从领导，冲撞领导，挑战权威、自以为是。

总之，不找借口、服从领导是员工行走职场的必修课。服从会拉近下级与上级的距离，会使下级迅速领悟上级的用意，下级会在无形中得到上级的思想、观点的传承，学会上级思考问题的方式和技巧，尽快把工作做好。

⚙ 忠诚的员工具备大局意识

在必要的时候，牺牲自己的利益而保全团队或者公司整体的利益，是大局意识的表现。

大局意识历来被认为是职场员工必备的素质之一，也是职场竞争中的一大"护身法宝"。

小月最近心情不好，她的团队正在参加一个化妆品品牌夏季推广会的项目招标，她很努力，也对自己这一次的创意很满意。她觉得这是她在业内崭露头角的机会，所以，她和两个搭档加班加点，牺牲了好几个周末的休息时间准备这次招标。

就在她通过一次次的努力快要把项目拿到手的时候，老板让她把这个项目交给另一个同事来操作，理由是那个同事与客户的关系更好，拿到这个项目的把握更大一些。老板希望小月理解，为了公司的利益，个人有时需要做点牺牲。

眼看着自己的劳动成果被同事拿走，自己设计的美好前景化为泡影，小月感到很委屈。从小到大，她的长辈教导她，为人要礼让，可她现在真不知道到底要不要礼让，她怀疑礼让到底还是不是一种美德？

现代公司之间的竞争，不再是个人之间的单打独斗，而需要"打群架"。因为公司的目标是在竞争中取胜，在竞争中获取更大的效益。也就是说，公司的首要任务是把"饼"做大，其次才是内部如何"分饼"的问题。顾大局，识轻重，勇于舍得，文明礼让，是现代企业提倡的团队精神。

有些公司为了取得最大化效益，公司领导往往需要综合平衡，比如，有时要采取"舍卒保帅"的策略。即在取舍两难的时候，他们往往会让一些员工做出牺牲，在这种情况下，做出牺牲的员工就需要有谦让的美德和舍得的智慧，这就像一场比赛，需要队员之间相互配合，而在必要的时候，牺牲自己的利益，成就他人。

在上面的案例中，如果小月不将自己的创意相让的话，她也有可能拿到项目。但是，如果那样做的话，就是脱离了团队，将来就再也没有人配合她的工作了，她在公司里也将孤掌难鸣，很难收获大的成就。所以，作为职场中人，一定要保持礼让的美德，树立大局意识，并让自己尽快融入集体，找到自己扮演的角色。

一分耕耘一分收获，付出之后要求回报是人很正常的心理，但是，对职场人来说，如果过分注重眼前利益，结果有可能适得其反。特别是，员工总是斤斤计较地跟领导提加薪或加大奖金的事，一旦超出领导的心理承受范围，领导就会认为员工很注重眼前利益，即使领导满足了员工的要求，给员工加了薪水或奖金，他也会在心里认为此员工太过功利，从此这个员工在他心里就会留下不好的印象。所以，员工即使认为自己应得到更好的，也不要去"据理力争"，而应让领导主动奖励你，因为即使勉强争到手了，对你也没什么好处，只会给领导留下坏印象，让你得不偿失。

那么，员工应该怎样才能树立大局意识呢？

（1）具备主人翁精神，把公司的事情当成自己的事情，并为之尽心尽力。一个跟公司同患难、共风雨的人，对公司尽心呵护的人，就像是在呵护自己的爱人和自己的家。

所以说，如果员工都能像精心呵护自己的小家庭一样对待自己所属的公司，与公司荣辱与共，他肯定会为公司的发展积极努力去工作，不需要任何人的监督和督促，同时他也会有大局意识，懂得礼让。

（2）摆正个人与公司的关系。公司与个人的关系如同大河和小河的关系，只有公司不断发展，员工的薪水才能不断增加。如果公司这条大河里都没有了水，小河又怎能水源充足，肥美滋润呢？因此，要把自己的个人目标跟公司的全局目标统一起来，这样你才能顾大局、识大体，才会有舍得观念，否则，迟早会被公司淘汰，更别说实现个人的理想与抱负了。

在上下级的关系中，下级尊重上级、坚决执行上级的命令是首要的，也是领导能够顺利开展工作的关键。所以说，服从领导听指挥是员工摆正个人与公司关系的重要表现。

在任何企业中，如果因为员工的大局意识而使团队获得了成功，领导心里肯定"有数"，同事对你也会更加钦佩，而这也就意味着你将来会比别人有更多的机会。所以，严格地讲，大局意识并不是真正意义上的"牺牲"，是团队协作的具体表现。

立于忠诚
成于责任

第二章

机会总是留给忠诚的人

　　优秀的企业寻找的是既忠诚又有能力的员工，忠诚的
确不能代替工作能力，但忠诚是控制能力发挥的"开关"。

　　因此，员工的忠诚可以让他在企业之中将自己的能力
发挥到极致，而这样的员工升职机会也是最多的。

🎧 忠诚是干出来的

"忠诚"不是说出来的，而是干出来的。

有些人总以为"说忠诚"领导才会知道，其实"忠诚"是干出来的。当领导称赞某一个员工在公司的作用时，会用"公司里没有此人不行"的语言表达，这实际上是在夸奖员工的能力，而忠诚的员工一定是领导在与不在都能踏踏实实地干工作，得到表扬不骄傲，遇到问题不畏缩。

忠诚的人是勤奋的，是对工作精益求精、一丝不苟的。

在一项对世界著名企业家的调查中，当被问道"您认为员工应该具备的品质是什么"时，他们无一例外地选择了"忠诚"。是的，忠诚是一个职业人士的做人之本，忠诚于公司、忠诚于工作，实际上就是忠诚于自己。一个员工具备了忠诚的品质，就能赢得公司的信任，取得事业上的成功。

员工缺乏忠诚度的一个直接表现就是频繁的跳槽，有些员工在积累了一定的工作经验后，不打一声招呼就不辞而别，这样的人实际上在哪家公司都干不长。频繁的跳槽直接受到损害的是企业，但从更长远的角度上来看，对个人的伤害更深。因为无论是个人资源的积累，还是由跳槽所养成的"这山望着那山高"的习惯，都会使人的能力价值有所降低。

很多人在跳槽时表现的态度是无所谓，这种"遇事就跑"的态度其实是一种消极颓废的态度。很多频繁转换工作的人，在经历多次跳槽后，会发现自己在不知不觉中形成了一个习惯：工作中遇到困难想跳槽，人际关系紧张想跳槽，看见好工作（无非是多挣一些钱）想跳槽，有时甚至莫名其妙就是想跳槽，总觉得下一个工作才是最好的，似乎一切问题都可以用"转移阵地"来解决。这种感觉使跳槽之人常常产生跳槽的冲动，甚至完全不负责任地一走了之。

习惯跳槽的人不能勇于面对现实，不再积极主动克服困难，而是在一些冠冕堂皇的理由下采取逃避、退缩方式。他们的理由无非是"不适合了""不能与同事或客户很好地相处""领导不理解""运气太不好了""怀才不遇"等等，他们幻想着找到一个新的单位后所有的问题都能迎刃而解。这样的想法其实不切实际，因为好工作从来都是自己"干出来"的，而非跳槽"跳出来"的。

刘澜大学毕业后进入一家设计公司工作，当时的工资是每月2000元，在同行业中并不高。然而令人惊讶的是，两年以后，他的工资竟然涨到了月薪2万元，还被任命为设计部主管。

刚去公司的时候，刘澜和公司进行了口头约定，双方约定在两年时间内刘澜的工资保持3000元的上升空间。但刘澜暗下决心，绝不满足于这样的工资水平。他一定要让老板知道，他绝不比公司中的任何人逊色，他其实是最优秀的人。

刘澜的工作质量很快就引起了周围人的注意。工作不到一年，他在公司里已经如鱼得水、游刃有余，以至于另一家公司愿意以月薪1万元的工资聘用他。但他并没有向老板提及此事，在两年的约定期限结束之前，他甚至从未向老板暗示过要终止约定。也许有很多人会说，不接受另一家公司如此优厚的条件，刘澜实在是太傻了。但是，在两年的约定期限结束以后，刘澜所在的公司给予了他月薪2万元的待遇，后来还提拔他为公司的设计部主管。因为老板很清楚，这两年来刘澜所创造的价值，数倍于他所领的薪水，他应当获得如此丰厚的回报。

试想一下，如果当时刘澜对自己说："既然我只领着每月2000元的工资，那么我何苦要付出辛劳呢！再说，我也不一定在这里长久地干下去，等有一定经验了，再跳槽去其他的公司，说不定薪水会更高。"

如果那样，你说结果会怎样？实际上这正是当下许多员工的想法。正是这种想法和做法，令很多员工与成功无缘。因为他们不知道，对于一个员工来说，还有比薪水更重要的东西，那就是工作中潜藏着的机会。

许多职场中人渴望找到一个适合于施展才华、使自己能有所发展的工作环境，这当然是值得鼓励的。但过于频繁地跳槽，对企业的负面影响是相当大的，更会影响到个人的忠诚可信度。几乎没有哪家公司的老板会任用对自己公司不忠诚的人。

频繁跳槽的人，如果不是因为工作需要，而是因为自己"不适应"等原因，其实是对忠诚的一种亵渎，其结果往往是永远从基层做起，永远在"路上"奔波。

⏻ 忠诚就是严于律己，宽以待人

忠诚的人都是严于律己、宽以待人的人。他们不仅工作认真，团结同事，同时对自己要求严格。

（1）在对待出勤的问题上，忠诚的员工身先士卒，以身作则，起表率作用。

相当一部分人持这样一种态度：我常缺勤，可我有才华。请个假算什么呀！晚来会儿又不耽误工作，早走点有事吗？

其实，这种观点是错误的，尤其不要妄想用这样的言语打动领导。人在职场，切不可做一个"自由主义者"。请假对上班族而言是非常正式的事情，应于事前向主管报批，待获得允许后才能离开工作岗位。请假的方式和频率往往也成为公司、领导、同事评价员工的重要依据，甚至以此评定员工的工作态度，进而直接影响到员工的考核成绩。

很多领导在评价实力相当的员工以及决定给他们奖赏时，有很多指标都是模糊的，但最后出勤率就有可能作为衡量指标之一。在此情形下，诸如责任心、合作精神、创造性等都不会取代出勤率的位置。

（2）忠诚的员工不发牢骚、不说"怪话"。

很多员工把发牢骚、说"怪话"视为正常的事，这种想法是不对的。因为牢骚、"怪话"不利于团结，会影响士气，甚至还会产生上下级、同级之间的误会，因此是要杜绝的。

现代企业制度下，员工对于工作的态度，直接影响了公司的整体发展和其个人发展前途。因此，员工持有正确的态度，可以将工作越做越好；而持有不正确的态度，会使自己陷入"工作难做，人难合作"的境地。

所以，作为员工不可肆无忌惮地发牢骚、说"怪话"，不要轻视牢骚、"怪话"的负面影响，要避免给自己留下不良的记录，影响自己在企业中的地位和业绩考核。

做该做的，说该说的。工作要有正确的态度。

（3）忠诚的员工团结同事，虚心求教。

没有一个人能够独自成功，让更多的人帮助你成功，是一种高超的职业智慧。

卢梭说："天底下只有一个办法可以影响别人，就是想到别人的需要，然后热情地帮助别人，满足他们的需要。"在企业里，同事之间互相帮忙是很正常的事，你只有让更多的人帮助你，你才能一步一步走向期待已久的成功之路。

曾有一家公司有这样一个招聘故事：

这家公司要招聘一个营销总监，报名的人很多，经过层层考试，最后只剩下三个人竞争这个职位。

为了测验谁最适合担任这个角色，公司出了一道"怪题"：请三个竞争者到果园里摘水果。

三个竞争者一个身手敏捷，一个个子高大，还有一个个子矮小，在许多人看来，前面两个人最有可能成功，但结果恰恰相反，最后获胜的竟然是那个矮个子。这是怎么回事呢？

原来，这次考试是经过精心设计的，竞争者要摘的水果都在很高的位置，很多都在树梢。那个个子高的人，尽管一伸手就能摘到一些果子，但是数量毕竟有限。那个身手敏捷的人，尽管可以爬到树上去，但是树梢上的一部分果子，他就够不着了。而个子矮小的人，一看到这两种情形，并没有急于摘苹果，而是转身走向了门口。

守门人是个老头，也是果园的维护者。这位小个子的应聘者意识到这次招聘非同寻常，也许人人都是考官、处处都是考场，所以在刚进门时，他就很热情地和老头打了招呼。他很谦虚地请教老头平时他是怎样摘这些树梢上的水果的，老头说是用梯子。于是，他向老头借梯子，老头十分爽快地答应了。有了梯子，摘起水果来自然不在话下，结果，他摘的果子比谁都多。因此，他赢得了最后胜利，获得了总监的职位。

从这个故事中，你是否看出了主考官的意图？他考的是团队精神中的一项重要内容——虚心求教，赢得别人帮助的能力！

很多职场中人之所以觉得工作难做，是由于他只依靠自己的才华和能力，而不懂得借力于他人，获取他人对自己的帮助。

在工作中搭建起互助的平台，依靠集体和团队的力量，能促使人们完成一个又一个看似"不可能完成"的任务。

员工第一要务——保证完成任务

职场中，保证完成任务是员工的第一要务。但有些员工在工作时喜欢自作主张。

员工自作主张是职场最忌讳的，因为对于任何工作，领导都有其安排，员工如果自作主张，即使做对了，这种行为也是不可取的，因为这样做，也许会破坏领导对全局的安排。

我们先来看一则职场案例。

"完了，这下全完了！"林经理放下电话，就感叹起来，"原来那家工厂的便宜的产品，根本不合规格，还是张老板的好。可是，我怎么那么糊涂，还写信把张老板说了一顿，说他是卖高价，这下可惹麻烦了！"

"是啊！"秘书王小姐转身站起来，"我那时候不是说吗，要您先冷静冷静再写信，您不听啊！"

"可那时我在气头上，以为张老板一定是图利，要不然他的产品怎么比别人的贵那么多。"林经理焦虑地来回踱着步子，然后指了指电话，"把电话号码念给我，我亲自打过去道歉！"

王小姐一笑，走到林经理面前说："不用了！告诉您，那封信我根本没寄。"

"没寄？"

"对！"王小姐笑吟吟地说。

"嗯……"林经理如释重负，停了半晌，又突然说道，"可是我当时不是叫你立刻发出吗？"

"是啊！但我猜到您会后悔，所以把信压下了。"王小姐自信地笑着说。

"压了三个礼拜？"

"对！您没想到吧？"

"我是没想到。"林经理走到桌旁，翻记事本，"可是，我叫你发，你怎么能压？那么最近发往南美的那几封信，你也压住了？"

"我没压。"王小姐的语气更自信了，"我知道什么该发，什么不该发……"

"你做主，还是我做主？"林经理突然高声问。

王小姐呆住了，眼眶一下子湿了，两行泪水滚落下来，她哭着说："我做错了吗？"

"你当然做错了！"林经理斩钉截铁地说。

看完这个案例，也许你会想：明明王小姐救了公司，林经理不但不感谢，还"恩将仇报"，真是"没良心"。但是，正如林经理说的——"你做主，还是我做主？"

假如一个秘书，可以不听上司命令，自作主张地把上司要她立刻发的信压下三个礼拜不发，那她岂不成了上司？如果有这样的"暗箱作业"，以后交代她做事，上司还能放心吗？所以王小姐有错，错在不懂工作规则，上司毕竟是上司，事情还是得他做主。

员工必须明白，无论你帮领导做了多少事情，也无论领导多么"糊涂"，但他毕竟还是你的领导，任何事毕竟还是由他做主，所以，下级员工在任何情况下都不要自作主张。

领导反感下级员工的自作主张，其实不在于员工的擅自决定给工作带来的损失，通常说来，这种损失是微小的，领导真正在意的是下级越权行事的行为，以及这种行事风格所反映的下级心中对领导的重视程度。尽管这种行为不一定说明下级不尊重领导，无视领导的存在，不把领导放在眼里，但在领导的理解中，这种行为没有"保证完成任务"的态度，也是下级欠缺工作经验与能力、办事不稳重的表现。如此一来，下级无意中的一次"私自定夺"行为，可能会带来领导的误会与不信任。这种误会与不信任，不是一朝一夕就能够改变的，而对下属前途的影响，也是短时难以消除的。

不擅自做主，是下级在处理领导交代事情时最需要做到的，而下级要想在这一方面做得更好，最直接的行动就是"保证完成任务"。

保证完成任务，是员工职场一课。当然领导不是圣人，有做错决定的时候，你在接受任务时，可以尽量地发问。下级向领导请教，是理所当然的。有心的领导，都很希望他的下级来询问。领导在下级询问时，也可思考自己决定的可行性，或反省下级提出的问题。一旦认为下级的意见正确，领导自可改正。

如果下级一切事都不去问，压住工作不去做，领导会对下级是否会在重大问题上自作主张而产生担忧。在工作上，对任务有疑义，或认为领导决策有重大问题或有偏差时，不妨问问领导，可以用"关于某件事，某个地方我不能擅自下结论，请您再定夺一下"或者"这件事依我看不这样做比较好，不知您认为应该如何"等语言。

员工在职场必须时刻牢记一条：领导永远是决策者和命令的下达者，无论员工对自己的判断力有多大的把握，无论员工面对的事情有多细微，都不能忽略领导"已同意"这一关键步骤。

该领导拍板的事领导就要拍板，下级无条件服从是天职，保证完成任务是根本，如果下级越俎代庖所产生的后果，往往是下级不能应对的，而这也是下级不懂规矩、不懂上下级之分的表现，足以毁掉平时努力工作所换来的领导的认同。所谓"一着不慎，满盘皆输"，莫过于此。

主动工作赢得公司信任

在职场中苦苦奋斗、拼搏了多年的员工，经常会有这样的感觉或经历：你忠心耿耿、鞍前马后地"追随"领导多年，可是却得不到公司的重用和提拔；你能力超群、才华出众，然而却总是得不到公司的认可；你自信自己能够在工作中独当一面，可是公司却从不给你机会，让你放开手脚去干……

凡此种种，都反映出一个信息，那就是你的公司不相信你的能力，不信任你的忠诚，公司认为你不值得信赖。

任何一个精明强干的员工，如果没有公司的信任，都很难在广阔的事业天地中充分发挥个人的聪明才智，也就很难顺利实现事业上的成功。那么，员工应该如何主动工作赢得公司的信任呢？

首先，要学会以主人翁的角度考虑问题。

大多数情况下，公司领导总是站在更高的角度看待问题，有着较宽的视野，能通观全局。如果员工也能经常按时或提前完成任务，甚至比领导期待的结果更好，领导就会逐渐对你重视起来，并产生信任感，能放心地把更重要的工作交给你，你也将因此获得更多的机会，提升自己的工作能力。

其次，做事要认真负责，严谨果断。

如果你身居关键岗位，就更应该具备严谨的工作作风，即使简单的工作也要认真对待。做事严谨有利于避免因疏忽而导致错误和不必要的损失。

再次，要用绝对的忠诚赢得公司的信任。

任何一位领导都非常在意下属是否对公司忠诚，作为下属要严守公司机密，踏实工作，这是最基本的职场操守。但是要使领导相信你的忠诚可靠绝非易事，患难时期最能洞悉人心。但如果没有患难时期怎样来表现自己的忠心呢？"路遥知马力，日久见人心"，要在日复一日的主动工作中让公司明白你的忠诚。

第四，主动工作需要精通专业，能力突出。

员工具备较强的专业知识和综合能力，就是最大的实力。"强将手下无弱兵"，每个公司都希望自己的员工或团队实力强大，具备不可替代的竞争优势，如果你能成为骨干员工，自然能得到公司的重视。

第五，主动工作还需要有积极迎接挑战的意识。

员工不要被自己职务范围和岗位职责所限定，认为有些事情不是自己的分内工作，要能迅速学会一些相关的工作，将其视为新的机遇与挑战，从而接触到更多更新事物，广泛地学习新知识和新技能，提升个人的综合实干能力。

第六，在市场急剧变化的情况下，公司或工作中的突发情况随时都有可能发生，要有意识地培养自己的适应能力以及挑战能力，既然"变化"无可避免，就要积极迎接挑战。

积极迎接挑战要注意以下几点：

①勇于接受任务。

勇于接受任务，从人格上讲，是一种积极、自信、有魄力的表现。撇开自身能力不谈，公司对这种员工是应奖励有加的，而这种员工也是公司愿意培养的。

②信守承诺或约定。

如果员工在接受公司交付的任务时信誓旦旦，到头来却迟迟不付诸行动，或者拖拖拉拉不见成效，那么，公司肯定会对员工产生不信任的感觉。相反，如果每次员工都能保质保量地超前完成任务，公司就会对员工"另眼相待"。

③勤于沟通。

即使员工与领导交往甚多，表现得很好，领导也不一定会对员工产生信任感，因为"谈得来"和"能否信任"是两码事。员工绝不能凭主观的判断，就认为领导对自己很了解，所以很信任自己。所以勤于沟通，让领导随时随地知道你在干什么很重要。比如当你把一件工作完成后，一定要记得向领导汇报，不要以为领导什么都知道。而平时，要多与领导沟通，多向领导请教、汇报，让领导对你的能力有更全面的了解，这样就能更好地争取领导对你的信任。

④严于律己。

不要使自己成为"去处不明"的人，离开工作岗位时，要把自己的行踪告诉给同时干工作的人，以方便领导找到你。如果预先知道要开会，最好不要请假或走开。

　　在工作中严于律己，对员工事业的成功有"事半功倍"的作用，每一个在职场中拼搏的人都希望能得到公司的信任，所以，用实际行动争取早日获得公司的信任，才能为自己的职场成功之旅打开一条捷径。

⚆ 用心工作才有升职机会

有调查显示，超过半数的职场人士都期待自己能够得到上司和公司的提携。但在能不能得到提携这个问题上，员工要切记：既不要盲目自信，也不要妄自菲薄。

虽然被提携是一项"系统工程"，没有人们想象得那么简单，但是只要用心工作，就能时刻做好准备，而善于抓住机会，甚至创造机会更是为升职打下基础。

下面几点也许会让你在获取机会时有所收获：

（1）上班不要发牢骚。

无论什么样的工作，都应尽力去做好，不要牢骚满腹，让别人觉得你没有能力干工作，或觉得你根本不知工作从何做起。

（2）领导交给你的工作不能等。

任何人都不要忘记领导的时间比你的时间更宝贵，当他给你一项工作任务时，这项工作比你手头上的工作更重要。比如，当他走近你的工作岗位时，如果你正在与别人通话，让领导等待，哪怕是短短的十几秒，也是对领导不尊重的表现。如果与你通话的是你的客户，当然不能立即终止对话，但你要让领导明白你已知道他在等你，例如给他使个眼色，用口型说出"客户"或写张小便条给他。如果领导临时安排事情给你，你也要放下手中事情先做此事；而领导派人叫你要第一时间报到。

（3）帮助领导想问题。

当领导考虑企业发展大计并问询你的时候，正是你显示才华的时机。如果你能花时间认真思考，提出一些颇有建设性的建议，领导自然会对你刮目相看。千万不要采取敷衍或"与你无关"的态度。

（4）遇事不乱，处事不惊。

处事冷静的员工会受到领导好评，并得到升职，领导、客户甚至同事都会对处事不惊的员工另眼相看。员工如果时常保持镇定之态，心理上可随时对付难题，自信心就会增强，晋升的机会自然大增。另一方面，假如员工行为举止闪烁或呈害羞状，只会令领导对其办事能力失去信心。

处事不惊所表现的个人的素质和临阵应战水平，使得一个人敢于去处理突发的难题，而处理多了，应急能力便会增强，对突发事件的处理水平也会大增。

（5）要有后备计划。

不要以为所有工作都如你想的那般顺利，任何工作都应做两手准备。要准备一个随时可以实施的后备计划，这样遇到突发情况时就不会手忙脚乱。此外，当领导要你跟随他出差办公事时，替他想想是否有遗漏的物件或材料，员工工作时一定要仔细、认真，比如你自己也可考虑一下此次出差主攻的目标是什么，领导准备实施的方案是什么；多准备一些应变的方案，与领导沟通，供他参考，这种未雨绸缪的做法可以换来领导对你的赞赏和信任。

（6）学会"亡羊补牢"。

当一个重要的报告交给客户后，你突然发现出现了错误，这时你应当快速地查明问题所在，并设法补救，比如和客户说清楚或重做报告等。若采取"鸵鸟"政策，回避问题，期望问题消失，或掩盖错误，不仅会造成工作损失，同时也会令你更加狼狈。

（7）在各种场合中表现自己的才华。

比如，在开会时，如果情况允许，尽量选择会议室里显眼一点的位置。不要等待发言机会，因为这机会未必存在，要在适当的时机争取发言机会。发言时只说有事实根据的重点，省略不必要的枝节，避免说一些抽象或不切实际的话，例如"我希望"、"我觉得"、"应该会"等等。

在各种场合中表现自己才华很重要，因为机遇和时间一样是来去匆匆，如果你不牢牢地将其抓住，那么，它将和时间一起从你的指间滑落，留给你的将只是怅惘和遗憾。因此，员工应该擦亮眼睛，看准时机，并主动把握时机，必要时创造时机，做一个实实在在的"机会主义者"。

🎧 正确沟通十分必要

据统计，现代工作中的障碍有50%以上都是由于沟通不到位而产生的。一个不善于与领导、同事沟通的员工，是无法做好工作的。现在的每一家企业都可以说是人才辈出、高手云集，在这样的环境中，信守"沉默是金者"是不会有什么前途的。而正确的工作态度和工作效果，充其量也只能让你维持现状，而想真正在工作中有所成就，必须学会正确沟通。

人与人之间的好感是要通过实际接触和语言沟通才能建立起来的。一个好员工，只有主动跟领导、同事做面对面的接触，让自己真实地展现在领导、同事面前，才能令领导、同事认识到自己的工作才能，才会有被赏识的机会。

在许多公司，特别是一些刚刚走上正轨或者有很多分支机构的公司里，领导必定要物色一些管理人员。此时，他所选择的肯定是那些有潜在能力且懂得主动与自己沟通的人，而绝不是那些只知一味埋头苦干却不善沟通的人。因为两者比较之下，主动沟通的人总能借助沟通渠道更快更好地领会领导的意图，并团结同事，把工作做得近乎完美。

主动与领导沟通，不仅仅能争取到沟通的机会，事实证明，很多与领导匆匆一遇的场合，也可能决定着员工的未来。比如，电梯间、走廊上、吃工作餐时，遇见领导，走过去向他问声好，或者和他谈几句工作上的事，都是与领导沟通的好时机，千万不要像有些员工那样，极力避免让领导看见，即便看见了也低头装作没看见，这是一种十分幼稚的态度。

当然，这并不是说只要你主动与领导沟通，就能获得领导垂青，因为沟通时还需要注意沟通的方式。

首先，简洁谈话是你引起领导注意并能很好地与领导进行沟通的第一件事。

莎士比亚把"简洁谈话"称之为"智慧的表现"。领导们一般都事多人忙，讲究效率，因此最不耐烦长篇大论、喋喋不休。

所以，用简洁的语言来与领导交流，常能达到事半功倍的良好效果。

其次，与领导沟通不要慌乱，不要过分迁就领导。

与领导沟通，你若能不卑不亢，从容对答，领导会认为你是个可塑之材。反之，若一味迁就领导或吹捧领导，就会让他产生反感心理，反而妨碍了员工和领导的正常关系。

再次，在主动交流中，要从领导的角度思考问题，兼顾双方的利益。特别是在谈话中，不要以针锋相对的方式令对方难堪，而是要站在对方的角度上给予充分理解。

最后也是最能打动领导的，就是跟他谈论工作上他最希望谈的事情，这需要员工了解领导最近工作动态和企业的近况，这样不仅会受到领导欢迎，而且还能使你们的交流进一步扩展。

而与同事的沟通，也要注意方式方法。沟通时要真诚，不带个人色彩。另外，对待不同性格的同事要有不同的方式，不针尖对麦芒。还有，要多倾听，说话时要注意自己的态度和语调。此外，在沟通时还应有几点特别注意。

（1）避免与人争斗

人与人之间应和谐相处，因此不要敌视他人，这样他人也不会与你为敌。

（2）退一步海阔天空

处理工作中的一些问题时，只要大局不受影响，在非原则问题方面无须过分坚持自己的意见。

（3）对人表示善意

在适当的时候表示自己的善意，诚挚地谈谈友情，主动伸出友谊之手，自然就会多一些朋友、少一些隔阂，心境也会变得平和。

（4）乐于助人

助人为快乐之本，多帮助别人不仅可使自己忘却烦恼，而且可以表现自己存在的价值，更可以获得珍贵的友谊。

（5）积极参与娱乐活动

工作中与同事适当娱乐，不但能调节情绪，舒缓压力，还能增长新的知识和乐趣。

（6）心态平和

工作中的荣与辱、升与降、得与失，往往不是以个人意志为转移的，所以要做到宠辱不惊，淡泊名利，心理平衡，才能获得平和的心态。

　　总之，沟通技巧若运用得好，和领导交流既可以表现自己的才华和远见卓识，又可以帮助领导看到一些问题，以利企业发展；而和同事交流，既能增进互相了解，又能实现团结协作，有利于工作开展。所以，正确的沟通，不仅是员工工作中的重要部分，对职业生涯的进步也非常重要。

⋒ 不断提升能力促进发展

　　俗话说：要想揽下瓷器活，就必须拥有金刚钻。员工要想获得高职位，就必须使自己拥有与之相匹配的能力。

　　在热播电视剧《潜伏》里，军统天津站空缺一个副站长的职位，这个空缺牵动了三个人的心。情报处处长陆桥山资格最老，而接替马奎出任行动队队长的李涯曾在解放区潜伏过，履历过硬。除了这两人以外，还有迫切希望为革命搜集到可靠情报的余则成。

　　相比前两人，余则成最大的劣势就在军衔资历上。他不过是一个小小的少校，而前两人都是中校。少校想越过中校升官，简直是不可能的。余则成清醒地认识到了这一点，所以他一方面表示自己没有当副站长的意愿，另一方面则想尽办法让自己身价"升值"。

恰在此时，余则成成功地抓捕了逃犯季委民，替站长立了功。站长大喜，马上向总部请功，顺利地为余则成拿到了中校的晋升令。当上了中校的余则成，为以后成为副站长打下了基础。

余则成之所以在短时间内坐到中校位置，第一条原因便是要想升职，必先升值。这里需要升的"值"，包括资历、职称，也包括事业上所需要的各方面的经验和能力。

职场之中的很多人可能都有这样的心理：领导不重视我，因此，我的能力没有发挥的余地。

其实，不是领导不重视你，而是你的能力和经验还没有提升到相应的层次。如果能够明白"先升值，再升职"的道理，就能够踏踏实实地努力工作，最终取得事业上的成功。

电子公司市场总监李凡的成长值得我们借鉴。

李凡在成为公司的市场部经理之后，很快就对自己的工作有了一个正确的定位：在企业的营销过程中，市场部经理要能够协助市场总监完成营销战略任务。

李凡认为一个优秀的市场部经理必须具备以下四种基本能

力：营销策划的能力，品牌策划的能力，产品策划的能力和对市场消费态势的分析能力。

李凡认真研究了大多数公司对市场部经理的要求，他觉得自己应该在目前的能力基础上进一步学习，以提升自己的工作能力。

于是，他从掌握各项营销政策入手进行学习，因为他过去从事的是广告策划工作，对营销政策知之甚少。因此，他又开始不断强化自己的学习力，因为他发现自己对于公司营销推广的整个过程监控实施的力度都很差。另外，李凡认识到自己的市场应变能力弱，缺乏市场销售过程中的锤炼和亲身的市场销售体验，而这正是他在工作中最大的软肋。

有了这些深刻而全面的认识之后，李凡开始逐步提升自己的业务素质。他首先对自身的不足之处进行弥补性实践，先让自己成为一名优秀的、称职的市场部经理，然后又用了3年的时间来亲身体验营销实践，积累经验。

与此同时，李凡还学习了丰富的组织管理知识、全面的法律知识和财会知识，因为这些知识在工作的时候很有用处。当然，修炼对团队的掌控能力也是李凡学习实践的一个重要方面，因为如果指挥不了下属团队，那么一切都是空谈。

通过几年的认真学习和实践锻炼，李凡终于如愿以偿地成为了公司的市场总监，并且为公司的市场营销工作创造了极佳的成绩。在担任了公司市场总监以后，李凡仍然在不断充实自己，不断学习。现在，李凡已经成了公司中不断成长的楷模，董事长也总是让其他员工向善于学习的李凡学习。

李凡成长的例子告诉我们，工作中每一个成长阶段都需要相应的知识储备与能力，当你选择了一个行业，进入一家公司工作后，如果想迅速发展、进步或者升职，你就必须不断地学习并锻炼自己，让自己的能力先升值，给领导一个提升你的理由，这样你才能获得自己想要的东西。

"先升值，再升职"，这是每一个职场人的生存之道，也是施展自己才华，发挥自己最大价值的唯一途径。在如今这个竞争激烈的年代，如果员工不意识到升值的重要性，就意味着自己将会不断贬值，当然等待自己的也就不是升职，而是被淘汰的命运。

常反省是好心态工作的保证

好心态是一种积极的人生态度，工作中要想拥有良好心态，首先要使自己的心理保持平衡，心理平衡了，自然就不会被各种工作中出现的问题、烦恼所困扰。

追求完美的工作，是每个人的梦想。但每个人都有自己的"短板"，因而干工作就会有出现困难的时候。所以，很多人穷尽一生，也未必能追求到工作的完美。还有些人对自己所做的工作要求十全十美，甚至近乎苛刻，出现一点小小的瑕疵就自责，或跟瑕疵较劲；这种精神虽可取，却不提倡。其实工作遇到难处，肯钻研找出解决方法，把工作尽可能做完美就行了。

那么，在工作中受到挫折时，应如何迅速找到摆脱困境的方法呢？千万不要唉声叹气，如果一时找不到解决的方法，不妨去请教专家、同事，或者自己学习，找出解决方法。待解决后，再重新面对自己的难题，思考是否还有其他的解决方法。

处事不惊、遇事不慌是工作的一种好心态，也是工作中应有的态度，当然也是面对难题的最好方法。这种方法可使员工经常站在原点审视自我。

在职场中，员工需要拥有归零心态。归零，就是为自己设立一个原点，不论成功与失败，都应理智而冷静地站在这个原点审视自我，找到不足，然后不断完善自我。而归零也是一个不断自我反省的过程，因为归零源于内省，人通过内省，可以谦虚客观地面对自己。

孔子的门生曾参说："吾日三省吾身，为人谋而不忠乎？与朋友交不信乎？传不习乎？"意即只有进行自省，才能了解自己，对自己进行正确的认知和评价。人只有内省，才能扬长避短，驾驭情绪，困境不馁，顺境不骄，让自己的人生道路少些坎坷、多些收获。

中外历史上许多杰出的人物之所以能够成功，与他们不断进行深入、细致、全面的自我反省有很大的关系。

员工在工作中如果不能常常自省，就不会正确认识自我，或自高自大、目空一切，或自暴自弃、妄自菲薄，这对员工的生存与发展极为不利，对员工的学习、工作和生活也有很大的妨碍。一个人如若自高自大，就会使自己停滞不前，甚至后退；如若自暴自弃，则会永远失败。心理学家的研究表明，如果一个人因为错误地评价自己而使自己的潜能得不到充分发挥，埋没了自己，那么，就会处于自卑感和失败感控制之下，长此以往，就会变得胆小、退缩，形成消极的情绪和性格，最终导致心理疾病。所以，要使心态归零，必须学会常常自省。

我们常说"成功源于自我分析""失败是成功之母"，"检讨是成功之父"，这些话都是在说明一件事：人要有自我反省、自我分析、自我检讨的习惯，因为这些与成功有着莫大的关系。

人非圣贤，孰能无过。人生允许出现错误，但不能在同一个地方摔倒两次，人的一生如果充满重复性的错误，那么，他就无法取得成功。犯错不可怕，可怕的是不知道自己错在哪里。内省是成功道路上必备的一种心态，每一个成功的人都是懂得自我反省、自我纠错的人。

自我反省能让自己知道明天应该做什么，应该如何去做，可以让自己不再盲目地工作。

在反省自身时，不仅要看到正面，还要看到反面，也就是说，既要看到优点也要看到缺点。从缺点中，可以检查出自身的问题；而在优点面前，既要能保持发扬，又要能总结经验、谋划未来。

从失败走向成功，从错误中寻找正确之路，是人们认识事物、干好工作的途径之一。毫无疑问，在工作中出现的错误并不是毫无用处、毫无价值的。假若你在过去的10年中做错了某些事，经由自我反省后，在下一个10年中你可能就不会再犯这些错误，这就是自省的作用。

所以，员工必须懂得不断反省自己，改正自己的错误，才不会老在原地打转或再次被同一块石头绊倒。通过反省，时时检讨自己，不仅可以走出失败的怪圈，而且能保持好的工作心态，走向成功的彼岸。

海涅说得好："反省是一面镜子，它能将人们的错误清清楚楚地映照出来，使人们有改正的机会。"

那么，怎样来反省自己呢？

首先，要学会自知。若要了解自己行为的得失，必须用"自知"的镜子来自照。自知如同一面明镜，在检讨中，自己的本来面目将显现无遗。很多人眼睛总是盯着别人，这是不对的，凡事要找自身原因，先检讨自己，特别是从"自知"的镜子中了解自己的真面目。

其次，要知过能改。一个人有过错不要紧，只要能改过就好，如果有过错而不肯改，这就是大过，是真正的过错。有些人犯了错，不肯承认，比如，怕因此而丢了"面子"，等等。一个人如果能够消除傲慢的习气，知错必改，就会生出悔过自新的勇气来。

所以，经常反省自己的过失，发现了错误，及时改正，就可以不再犯同样的错误，如同害了盲肠炎的病人，医生都要把那段坏肠子割掉，以除后患。人有了过失，也要通过反省、改正的"快刀"把错误切除。

有些人有了过错，不反省，让错误循环下去，这是十分危险的。所以，及时反省自己，知道犯错的缘由，随即改正过来，那么，以后就不会再有类似的过错。

在工作中，员工要及时排除问题，解决问题，反省犯过的错误，吸取教训，以更大的劲头、更热忱的心态去工作，而不是站在原地，面对错误，或陷入手足无措的境地，或过多地自我责备。

不设限，一切皆有可能

　　中国有句话说：一切皆有可能。但是，在很多人的实际工作中，他们会说"一切之中有不可能"的存在的话，这些话实则会给人们的心灵"设限"，制约人潜能的发挥，所以，如果人们不能把种种的"不可能"从心头抛开，也许就达不到事业高峰。

　　我们先来看看郭士纳是如何拔掉心中"不可能"的"刺"，让IBM起死回生的。

　　1992年底，78岁的IBM仿佛患上了"老年痴呆症"，一下子陷入了亏损额50亿美元的泥坑里，举步维艰。昔日威风八面的"蓝色巨人"变成没人理睬的"乞丐"。GE的杰克·韦尔奇与SUN的专家、高手都拒绝了IBM提供的高薪，不愿意去挽救IBM。

后来，IBM费尽力气，终于说服了路易·郭士纳前来执掌IBM。

于是，被媒体描述成"一只脚已经踏进了坟墓"的IBM，迎来了这位对IT行业完全陌生的新CEO——后来被世人津津乐道的传奇人物郭士纳先生。

其实，当郭士纳宣布要接管IBM时，很多人也向他投去了怀疑的眼光或冷嘲热讽的态度。他们认为：一个靠经营食品业起家的人，一个对计算机完全外行的人，又如何能担当得起这一重任呢？

但是，随着时光的流逝，郭士纳给大家的结果是"惊喜"！因为，今天我们已经看到，当初亏损50亿美元的IBM公司，如今已经变为销售额高达860亿美元、赢利77亿美元的行业楷模。公司的股票价值增值了800%，市值增长了1800亿美元。

而这些惊人的数字，就是当初那位计算机行业的"门外汉"路易·郭士纳带领IBM员工们创造出来的，这是给那些怀疑"门外汉"做不了"专业活"的人的最好反击。

郭士纳先生的成功带给我们这样一个启示：世上无难事，"一切皆有可能"。所以，面对困难，只要你不自我设限，勇于尝试，积极寻求解决方案，那么"不可能"也能够变为

"可能"。

张小姐从旅游学院毕业后不久，进入了一家著名饭店当接待员。参加工作不久，她就遇到了一个棘手的问题。

有一天，一位来自美国的客人焦急地向值班经理反映：来中国前，他就预订了法国——日本——香港——北京——西安——深圳——新加坡的联票。但是，由于疏忽，一张去西安的机票没有及时确认，预定的航班被香港航空公司取消了。这一下他急了，他到西安是去签订合同的，如不能及时赶到，将造成很大的损失。

酒店的老总当即安排张小姐和另外一位老接待员解决这一问题。她们一起来到民航公司售票处，向民航公司的售票员介绍了有关情况，希望她能够帮忙解决这一问题。

但售票员的回答是："是香港航空公司取消的航班，和我们没有关系。"

张小姐再一次向售票员重申："这是一个很重要的外国客人，如果不能及时赶到会造成很大的损失。"但售票员的回答仍然是："对不起，我也无能为力。"

张小姐问："难道就没有别的办法吗？"

售票员说："如果是重要客人，你们可以去贵宾室试试。"

张小姐立即赶到贵宾室，但在门口就被拦住了，工作人员要求她们出示贵宾证。这一下她们又傻眼了。此时此刻，到哪里去办贵宾证啊？

张小姐不甘心，又向工作人员重申了一遍情况，但工作人员还是不同意让她们进去。后来，张小姐突然动了一个念头，她问："假如要买机动票，应该找谁？"

工作人员的回答是："只有找总经理。不过我劝你们还是别去找了，现在票紧张得很呢！"

碰了这么多次壁，同去的接待员已经灰心丧气了。她认为：要找总经理，那恐怕更没有希望。于是，她拉着张小姐的手说："算了吧，肯定没希望了，还是回去吧，反正我们已经尽力了。"

那一瞬间，张小姐也有点动摇，但她很快又否定了自己的想法，还是毫不犹豫地向总经理办公室走去。见到总经理后，她将事情的来龙去脉又讲述了一遍。总经理听完之后，看着她满是汗水的脸，微微一笑，问："你从事这项工作多长时间了？"

得知她刚刚参加工作，总经理被她认真负责的态度感动了，说："我们只有一张机动票了，本来是准备留下来给其他重要客人的。但是，你的敬业精神和对客人负责的态度让我非常感动。这样吧，票就给你了。"

当她把机票送到焦急的客人手上时，客人简直是喜出望外。酒店的总经理知道这件事后，当着所有员工的面对她进行了表扬。不久，她被破格提拔为主管。

从张小姐的案例中我们明白一个道理：人无论遇到什么样的困难，只要肯努力，不轻易放弃，总会找到解决方法的。

西方有句名言："一个人的思想决定一个人的命运。"不敢向高难度的工作挑战，是对自己潜能的画地为牢，人只有发挥自己无限的潜能，才是面对人生的正确做法。

"职场勇士"与"职场懦夫"，在老板心目中的地位有着天壤之别，两者根本无法相提并论。一位老板描述自己心目中的理想员工时说："我们所急需的人才，是有奋斗进取精神，勇于向不可能完成的工作挑战的人。"而一位优秀员工在谈到自己的成功经验时说："我之所以能有今天的成就，是因为我凡事都愿意找方法去解决，完成"不可能完成的事"。

所以，员工如果希望自己成为公司发展的骨干力量，就要丢掉心中的限制，化"不可能"为"可能"，积极找方法攻克工作中的一个又一个"拦路虎"。

世上无难事，只怕有心人。面对困难，只要你勇于尝试，积极寻求解决方案，那么"不可能"也能够变为"可能"。

⚙ 端正工作态度很重要

工作中，最让员工苦恼的莫过于付出与收获的比例失调。很多员工认为自己埋头苦干了许久，领导却不赏识。还有员工说："员工能否得到提升，很大程度上不在于员工是否努力，而在于领导是否赏识员工。"

曾经连续3年被评为"销售业绩之星"的林小姐近日接到了公司人事部门"不予续签劳动合同"的通知，问及其中原因，她说："在公司里，这一年没与自己上级领导处好关系，所以成绩好也没用。"

用林小姐的话来说，唯一有资格对她的业绩进行综合评判的是她的顶头上司，但虽然她的销售额高，如果与领导处于"对峙"状态，领导也会从"不积极参与团队建设""不能安心于本职工作"等其他方面挑出毛病，不与其续签合同，最终导致落聘。

当然这种做法，只是个别企业领导水平问题导致，但能否与领导"搞好关系"实际上体现出员工工作水平的高低。换句话说，如果员工与领导"处不好关系"，又不会与领导沟通，即使成绩好，可能领导也认为只是一时的幸运。

那么，怎样才能成为领导眼中不可缺少的骨干人才？

（1）尊重领导，多与之沟通

永远不要忘记领导就是领导，当你与他相见时，无论何时，都要讲文明礼貌，以示尊重。同时工作上、业务上有问题时多向领导请教，无问题时多沟通。

（2）有自信心，有主见，也要有大局意识

领导愿意和员工沟通、对话，因为勇于开拓创新的员工，对领导来说，是有创造潜能的人，他们会给企业带来高收益。而有自信心、有主见的员工，应有大局意识，在与领导沟通时要表达团队精神。

（3）团结同事，敬业爱岗

那些"这山望着那山高"，常常"跳槽"的员工，很难说有敬业精神。从一般情况看，爱跳槽的人，对企业的稳定和管理工作，总会带来这样或那样的麻烦，自然不受领导们的欢迎。而那些团结同事、敬业爱岗的员工，是领导眼中不可缺少的重要人才。

（4）任劳任怨，胜任岗位

员工第一要务就是胜任岗位，因此，当员工接手工作时，请任劳任怨，踏实苦干。因为这可能是领导对你的一个考验，看看你是否能承担更多的责任。而那些不愿勤恳工作的员工，事业将会停滞不前，或被那些任劳任怨、努力工作的同事甩在后面。

（5）性格积极，乐观开朗

没有人喜欢满腹牢骚的人，人们更愿意同乐观开朗、生活态度积极的人交往。员工即使在个人最沮丧的日子里，也要向领导和同事显示出你最快乐积极的一面，这是人际融洽，团结协作最好的基础。

（6）遇事要保持冷静，工作时要从容有序

在任何情况下都能保持从容冷静、工作有序的员工，往往会赢得赞誉。老板和客户都非常欣赏那些在困难或紧急情况下依然能出色完成工作的员工。如果员工始终保持从容冷静、工作有序，那么一旦发生问题，也能很快找到解决办法，而且能在老板、同事、客户面前显示出工作有条不紊、训练有素的职业能手形象。

（7）具有一技之长

有一技之长说明个人的职业水平高，可以成为企业的骨干，甚至成为领导的得力助手。

就个人价值而言，具有一技之长的员工含金量高，是企业蓬勃发展的重要依托。

（8）处事要当机立断

一旦需要决策时，要考虑周全，决定时要快速而坚决，不要优柔寡断或过于依赖他人意见。小心谨慎地权衡是对的，但如果不当机立断，有时会耽误"战机"。所以，员工在工作时遇事要做到当机立断。

（9）出现失误要"亡羊补牢"

工作一旦出现失误，要快速对情况做出评估，制订控制损失的可行性计划，然后直接找领导告知问题所在以及你准备采取的解决办法。不要在没有准备好解决方案的情况下，就带着"我应该怎么做"的问题去找领导。"亡羊补牢"要快，不能因为"拖"而让失误造成的损失更大。

（10）各项综合实力要强

现代企业的用人制度比较严苛，看重综合素质强的人。因此，员工提升自己的综合实力就很重要。

综合实力包括工作能力，处理人际关系的能力，以及是否有专长等。

（11）实践应用能力要强

企业普遍欢迎具有较强的动手能力和实践能力的员工。而专业性强的科研部门则希望所选之科研人员要有独立的思想，能提出问题并解决问题。

企业员工能否得到职位提升，在一定程度上确实取决于领导对员工的赏识程度，但员工的工作能力和工作态度更是决定其能否得到提升的基础。所以，员工在领导面前应多展示自己的才华以及工作态度和业绩。

🎧 高能力高素质是自我升值的关键

在现代企业激烈的竞争中，只有不断学习、善于学习的人，才能具有高能力、高素质，才能不断获得新信息、新机遇，获得成功。如果一个人固守着自己原有的知识，不去提高自己，势必会被时代所抛弃。

人的一生中，需要学习的内容纷繁复杂，然而最根本、最重要的只有一项——学会学习。学会了学习，一切都会随之而来。可以毫不夸张地说，学习能力是"元能力"，是一切能力之母；学习的成功是"元成功"，是一切成功之母。所以，学会学习可以使自己立于不败之地，可以使自己进步的空间更大，迈向成功的步伐更快。

有一位勤劳的伐木工人，被指令每天砍伐100棵树。接受任务以后，他毫不迟疑地投入到工作当中，每天工作10个小时。可是渐渐地，他发觉自己砍伐的树木数量在一天天减少。

他开始想，一定是自己工作的时间还不够长，于是除了睡觉和吃饭以外，其余的时间他都用来伐树，一天工作12个小时。但他每天伐树的数量仍然有减无增，他陷入了深深的困惑之中。

一天，他把这个困惑告诉了主管，主管看了看他，再看了看他手中的斧头，说："你是否每天都用这把斧头伐树呢？"工人认真地说："当然了，没有它我可什么也干不了。"主管接着问道："那你有没有每天磨利这把斧头呢？"工人的回答是："我每天勤奋工作，伐树的时间都不够用，哪有时间去磨它呢？"

主管笑笑，说："勤奋只是一方面，如果工具再顺手，速度不就上来了吗。"

是的，如果员工都像那位"伐木工人"，只知干活，不知"磨斧子"，就不会有大成绩。因为，那把"斧子"是人原有的知识和技能，不磨它，它就会钝。知识对人也是一样，如果每天吃"老本"，不去学习新知识，只能让自己在工作时越来越吃力。

在知识经济时代，竞争日趋激烈，信息瞬息万变，盛衰可能只是一夜之间的事情。所以如果不能不断提高素质，跟不上时代发展的步伐，就会成为"吃老本"的"掉队者"。那么，怎样才能做到"不掉队"呢？毫无疑问，答案就是不断学习、善于学习。

学习，是人一生中最重要的一项投资，一项伴随终身的最有效、最划算、最安全的投资，任何一项投资都比不上这项投资。富兰克林说过："花钱求学问，是一本万利的投资，如果有谁能把所有的钱都装进脑袋中，那就绝对没有人能把它拿走了！"

许多员工认为自己工作前受了很多教育，学了很多知识，因而走上工作岗位之后总觉得学习是学校里的事，出了学校后就不需要继续学习了。还有些人认为学习没必要。很多成年人花几百块钱买一件衣服一点不嫌贵，但要从钱包里掏出几十块钱买本书反倒觉得不能承受。做父母的舍得在自己的子女身上进行教育投资，但却常忽视对自身的学习投资。很早以前，罗曼·罗兰就说："成年人被时代慢慢淘汰的最大原因不是年龄的增长，而是学习热忱的减退。"是的，如果一个员工能始终保持学习热忱，在走出校门走上工作岗位后仍能继续学习、终生学习，就能获得成功。

学习能力，不仅是每一个人的成功之母，而且是每一个企业的成功之母。美国杰出的管理思想家戴维斯在他与包特肯合著的《企业推手》一书中预言：21世纪的全球市场，将由那些通过学习创造利润的企业来主导。这就要求每个企业都要变成"学习型企业"。

在现代职场中，不管员工从事的是哪种行业，没有新知识就会落后，就会被淘汰，因为这将意味着人丧失继续前进的动力，意味着人很难对周围不断发展的事物进行理性的分析和理解，意味着人将失去人生的方向，逐渐被更多掌握新知识和拥有新技能的人所替代。

一家汽车修理厂的员工都是从乡村里招来的小伙子，平常大家工作之余就是在一起喝酒聊天。一天，他们当中来了一个被他们称作"傻子"的人，他除了完成正常的工作以外，总是泡在几辆"教练车"里，东拆拆西动动，而大家出去玩乐的时候他也在钻研修车技能。

"干什么啊？兄弟，难道你想自己开个公司修车？"一个小伙子说。

"傻子"只是笑笑，并不说什么。但半年过去，"傻子"

却学完了关于汽车维修的所有知识，被提升为助理，薪水是那些"聪明人"的几倍。

然而"傻子"还没有满足，而是继续学习汽车制造的其他知识，并自学外语，每个月还自费去总部参加培训。

又过了一年，"傻子"成为了总公司家用汽车生产设计部门的主管。

是什么让一个普通的汽车修理工成为一个优秀的企业中层领导？答案是不间断的学习！

美国职业专家指出，现在的职业半衰期越来越短，所有高薪者若不学习，不出5年时间就会变成低薪者。而就业竞争加剧是知识"折旧"的重要原因。

在这个极速前进的时代，有许多外在的力量能将人们击倒。因此，为了适应自己的岗位，为了提升自己的职位，不断学习、坚持充电、争取更多的学习机会，就显得尤为重要了。

⚘不能甘于平庸，要做卓越者

现实中很多员工都满足于过一种温饱无忧的生活。于是当他们找到一份稳定的工作后，终其一生总是拿那么一点点薪水，每天总是做着同样的事情，直到终老。实际上，这是平庸工作的一种表现。

而那些不甘于平庸工作的员工却会努力，直至卓越。这些员工不满足于现有的成就，为了进步，他们不断学习，直到他们坐上了更高的职位。

这是两种截然不同的工作态度，当然，两者对比我们不难看出，现代职场人需要的是后者，也就是追求卓越的态度。

努力的员工之所以会成功，很大一部分原因就是他们能常常向前看，不甘平庸，努力塑造理想中的自我。在这个过程中，勇于拼搏，不懈努力，是登上高峰的基础。

人都希望自己有一天能出人头地，拥有精彩的人生。然而，很多员工口头上喊着"努力"，却无任何行动，终其一生庸庸碌碌，最终不仅没有任何成绩，反而活得"一塌糊涂"。

这样的结果，完全是由他们自甘平庸的态度所造成的。一个人只有超越自己，不甘平庸，才能获得成功。

碌碌无为的工作，会使人的精神和意志常常处于麻木的状态，犹如待在没有星星与月亮的黑夜之中，没有风，没有鸟，甚至连一点声音也没有，周围一片死寂。

而一个人只有不甘于平庸，不满足于现状，才会对事业有所追求，才能热血沸腾，干劲十足，加倍努力。

何永智被称为"中国的阿信"，她的成功就是由于她不甘平庸所造就的。她靠三口锅开火锅店起家，后来越开越大，成为中国的"火锅皇后"。

何永智原来在一个制鞋厂工作，丈夫是电工。夫妻二人靠工资生活，日子过得挺清贫，何永智不满足于这种日子。她下班后就去做些小买卖，以改变窘迫的生活现状。

改革开放初期，何永智大胆地把房子卖了做生意，抓住了政策带来的商机。卖房的价格是原来买房时的5倍，何永智从中小赚了一笔。她用卖房的3000元，买了成都市八一路一间临街房，卖服装和皮鞋。有了自己的店铺后，她的生意规模迅速扩大。

后来，八一路改成了火锅特色一条街，何永智果断地关闭了原来的店铺，开了"小天鹅火锅店"。刚开始，店面很小，只能摆下三张桌，设三口锅。第一个月没有经验，亏损。第二个月，何永智把心思用在两个方面：一是口味，二是服务。于是她的生意一天天好了起来。

何永智的店很红火，一天的收入接近她过去一个月的工资，但她并不满足，她盼望着能赚一万元，也当个"万元户"。为了这个店，何永智废寝忘食，把所有精力都用在经营上，店也一天比一天红火。6年后，她成了这条街上的"火锅皇后"，经营面积扩大到100多平方米。这时，何永智有了更大的梦想。

20世纪90年代初，她租下2000平方米的房屋，开设了第一家分店。分店开得很成功。何永智又接着扩大规模，相继在其他地区继续开设分店，她的店影响力越来越大。

1994年，天津加盟连锁店的开设使何永智的火锅事业又迈上了一个新的台阶。此后她以平均每月一家的速度开办加盟连锁店，向全国各大城市推进。很快，上海、北京、南宁、广州、西安、沈阳、哈尔滨等地都开起了加盟店。她甚至把火锅店开到了美国西雅图等地，使自己的企业成为跨国企业。何永智一举跨入了亿万富翁的行列。

目前，何永智已成为集团总裁，并当选为第八届全国妇联代表，她所创办的企业也跻身于"中国私营企业500强"行列，成为"中国最具前景的50家特许经营企业"。

如果何永智甘于自己某一阶段的富足，害怕冒险，见好就收，仅满足于在成都的经营，就不会拥有后来的财富。

人这一生，或是平庸，或是卓越，看自己怎样选择。如果没有理想，没有事业心，那就只能庸庸碌碌地度过一生。现今有不少职场中人，很聪明，很能干，也很自信，却最终无所作为。究其根本原因，是不想干或怕干不好。试想一个不想获胜的人，永远不会在比赛中得到冠军。因此，人有才干固然很好，同时还应有远大的理想和抱负，以及立即行动的决心，否则势必会碌碌无为。

人可以平凡，但不能平庸。只要不甘平庸，即使身处再平凡的岗位，也能成就不平凡的事业，达到卓越。所以作为员工，要永远挑战自己，永远追求卓越，这样才能收获成功。

⚆ 业绩是衡量人才的唯一标准

无论黑猫白猫，能够抓住老鼠的就是好猫；无论干多干少，能够找方法、出业绩的员工就是企业最需要的员工。在企业中最受重视的员工，并不是那些只知道埋头干的员工。出成果、有成效的员工，才是企业最有发展前途的员工。

联想集团有个很有名的理念："不重过程重结果，不重苦劳重功劳。"这是写在《联想文化手册》中的核心理念之一。在这个手册中，还明确记录道：这个理念，是联想公司成立半年之后，开始格外强调的。

联想为什么会着重强调这一理念呢？原来，这一理念的提出源自联想的创始人柳传志早年创建联想时的一段经历：

联想刚刚成立时，只有几十万元资金，却由于过于轻信人，被人骗走了一大半。而且，骗他们的人，还不是一般人，而是某个部门的干部。这样一来，公司元气大伤，甚至逼得员工要去卖蔬菜来挽回损失。

毫无疑问，在联想刚成立之时，所有员工都对事业充满着干劲和热情，但是，仅有干劲和热情，并不能保证财富的增加和事业的成功。不仅如此，商场如战场，如果仅有善良、热情等品质，而缺乏智慧和方法，甚至可能给企业造成巨大的损失！

经过这场教训，联想员工后来做事不仅越来越冷静、踏实，而且特别重视策略、方法。联想自从成立以来，到如今已经20年。这20年间，它从几个下海的知识分子的公司，变为一家享誉海内外的高科技公司，它之所以有后来这样大的发展，毫无疑问与他们企业的核心理念密切相关。

以往我们经常听到某些人讲："没有功劳，也有苦劳。"苦劳固然使人感动，但是在市场经济体制下，只有那些能够为公司创造实实在在业绩的人才能够赢得公司的青睐，才能够获得更好的发展。

业绩是衡量员工有无成就的唯一标准。一位曾在外企供职多年的人力资源总监颇有感触地说："所有企业的管理者和老板，只认一样东西，就是业绩。老板给你高薪，凭什么呢？也是看你所做的工作能在市场上产生多大的业绩。"现代企业是以业绩论英雄。

无论员工的能力如何，无论员工工作的努力程度，要想在公司里成长、发展、实现自己的目标，都需要有业绩来做保证。员工创造好的业绩，就能得到公司的器重，得到晋升的机会。因为员工创造的业绩是公司发展的决定性条件。

江苏双良集团总裁缪双大在集团的年终总结大会上就改革问题提出："要改变传统的对功劳与苦劳的认识。苦劳只能说明辛苦，功劳是建立在苦劳的基础上的，有功劳才有贡献，功劳包含着勤劳、智慧、机遇。企业要倡导讲贡献，比贡献，以成败论英雄。"

著名的三正半山酒店的《管理行动纲领》里有这样几条内容：

（1）我们追求"正果"。"正果"就是我们的工作要富有成效，做任何事都要追求一个好的结果。我们反对只说不做，但同时，我们也反对做而无效。只有持之以恒地付出，不折不挠地努力，才能得到理想的回报。

（2）企业对员工价值的认可程度，取决于员工为企业创造业绩的多和少。

（3）我们坚持以绩效的获取和提升作为管理的出发点，以绩效水平作为评价管理工作有效性的依据。

（4）工作价值和市场价值决定着员工的分配基准，绩效水平决定着员工的实际所得。

在职场中，业绩是检验一切的唯一标准。能够出绩效的员工是企业最需要的员工。而对员工来说，出绩效，特别需要重视市场经济条件下的发展法则：

①只有你为公司创造财富，公司才会给你财富；

②只有你为公司创造空间，公司才会给你空间。

③只有你为公司创造机会，公司才会给你机会！

日本松下公司标语牌上有这样一段话：

"如果你有智慧，请你贡献智慧；

如果你没有智慧，请你贡献汗水；

如果你两样都不贡献，请你离开公司。"

企业的员工大致可以分为以下三种：

①具有敬业精神并能找对工作方法的员工。这类员工拥有智慧并乐于奉献智慧，他们的智慧必然会给企业创造财富。毫无疑问，这类员工是企业需要的最好员工。

②敬业但是缺乏工作方法的员工。这类员工只能奉献汗水，企业需要这类员工，但员工自身不会有太大的发展。

③既不去寻找工作方法，又不敬业的员工。这类员工什么也奉献不了，所以最终的结局只能是离开。

业绩是衡量企业人才的唯一标准，员工要争做有业绩的员工。

第三章
忠诚的员工懂得感恩

　　一个懂得感恩的人，一定是一个具有良好修养的人，一个真诚待人的人。忠诚的员工除了有责任心，还懂得感恩。他们以感恩的心去工作，在问题面前不抱怨；以感恩的心去工作，面对工作不感到乏味；以感恩的心去工作，在困难面前不退缩；以感恩的心去工作，会觉得好好工作就是为了自己；以感恩的心去工作，在受到批评的时候不会感到委屈；以感恩的心去工作，真正做到严以律己宽以待人……

⒈懂得感恩，学会交流

　　工作中，员工应与领导保持较近距离的关系，这样有利于增强上下级的信任感。但这并不是件很容易就能做到的事情，许多员工不懂得如何处理与领导的关系，或不擅长于处理与领导关系上的沟通，于是"问题"出来后，面对"麻烦"一筹莫展。

　　与领导保持经常性的接触，可以加深彼此间的了解和交流，可以更好地领会领导的工作思路，可以在工作上多沟通处理工作的方法和谋划，有利于领导与你探讨、商量，同时，你的思想可能会成为领导的思想补充。时间长了，领导在遇到问题和困难时也会主动地找你商量和出谋划策。

　　那么，如何才能与领导保持经常性接触呢？简而言之，就是要懂得感恩、学会交流。一是在业余生活上多与领导接近，了解领导性格，学习领导为人做事方法；二是在工作上多请示、多汇报，并在请示和汇报时谈一些成熟的想法或是创造性的想法。

领导要负责很多事情，但如果有些事情直接出面或者直接插手会使事情没有回旋余地，故此时作为下属员工就要主动些，必要的时候甚至替领导"挡挡驾"。

替领导"挡驾"时，需要多了解情况，多注重观察，以便及时帮助领导。

某酿酒厂因酒质量出现严重问题，引起社会和舆论的关注。省电视台记者到该厂去采访时，找到该厂的销售科长，销售科长害怕被电视台曝光后承担责任，于是推脱道："找厂长去，厂长说了算，厂长就在办公室里呢！"

结果，记者直奔办公室，而厂长本来正准备调查此事，想做相关准备已来不及了，只好接受采访，但由于掌握问题不全面，回答时搞得他非常难堪。事后，厂长得知销售科长不仅不提前报告，反而说了那么一句话，非常恼火，狠狠批评了销售科长。

销售科长也许当时是无意的，但他应知道，记者采访质量问题是件不光彩的事，作为一名下属员工，最先知道问题出现，就应从公司整体处理危机的角度出发，在应对突发事件时理应自己先出面沉着应对，除了实事求是地讲明问题的原因，还要说明未调查清楚事件的来龙去脉，不宜直接把问题一股脑儿都推在领导身上，况且领导还没把事情弄清楚。

而领导对员工的了解，一般是需要经过几年甚至更长时间通过工作来了解的。小罗在一个单位工作十年了，他工作很努力，能力也不错，按理说应该得到奖励和提拔了，但却始终没有得到领导的重用，原来他的努力一直没有被他的上级主任所认可。主任是个很严厉的人，小罗有些怕他，于是很少和他"打交道"，工作上不汇报，甚至路上看到了主任也会远远地避开。同时他认为主任似乎对他有成见，每次他做工作，事后都对他的工作吹毛求疵，甚至有时是主任自己的错误也要怪在小罗身上，为此，小罗心生不满。另外，小罗认为自己做出了很多努力，主任好像都看不见。而对于主任来说，他认为小罗也是个不太令他满意的员工，虽然他已工作十年了，主任却对他没有什么了解，工作业绩也一般。看到小罗故意回避自己，主任觉得很不解也很不舒服。时间一长，主任和小罗之间的关系越来越疏远了。

许多刚步入职场的员工比较腼腆，或清高，或害羞。如果不是主动向领导交报告，他们绝不会到领导办公室去坐上一坐，与领导进行面对面交流，而且在召开部门会议时他们也总是坐在离领导最远的地方，既不提建设性意见，也不提批评意见，有时领导点名令他们发言，他们也仅是"仓皇开始，仓皇结束"，不敢与领导的眼睛交接。

所以，很不幸，这些在领导的印象中总是"朦朦胧胧说不出好坏"的基层员工，被重用的机会就会少之又少。其实，任何人的观察范围都是有限的，也就是说，员工要给领导多个机会认识你，然后才谈得上合理地派遣你到最合适的位置上去。而员工要想在职场上成功，在面对"权威"时，自己首先要放下"身段"。

员工在与领导接触的过程中，有些细节是不能不注意的：

（1）不要以一个"争辩者"的形象出现

任何明智的领导都欢迎员工提不同意见，但都反对把时间无谓地花在"争辩"上。"不要争辩"被写入了许多企业的行为准则中，很多企业在用人方面，尤其反对争辩中的对立情绪。所以，如果员工有机会与领导面对面地提出不同意见，一定要记住不要以"拍案而起"的方式，而应以幽默、平和及一针见血的方式提出来。要懂得提意见是促发展，不是发牢骚，要学会有策略地提出反对意见，让领导明白你是为企业着想。

（2）不怕流言蜚语

如果你与领导的关系"密切"，在被委以重任之后，一些原先的"朋友"可能会疏远你。这也许是出于嫉妒，也许是出于旁的什么原因，有些人还会散布对你不利的流言，比如说，你是领导的"关系"。不要怕这些流言蜚语，因为每个人都是凭自己的能力与才华走上高位的，只要你业绩好，而且胜任高层职位，流言就会云开雾散。

我们不能左右别人的议论，但我们可以生长自己的智慧之果。员工要想成功，不要畏于人言。只要你不是谄媚之徒，或投机之人，真相最终会还你清白。

（3）懂得感恩

明智的领导，欢迎坐到他面前来的员工都是竞争中的强者，但高处不胜寒，领导人要承受的压力和孤独也是无法言喻的，这背后也许含着诸多动人的"故事"：例如他被迫不能"忠孝两全"；例如他最终成了每月只有一次机会探望儿女的"成功人士"；例如他最终为事业上的倾注而付出了代价——他的健康状况堪忧。很多人身为"一把手",却找不到能帮自己分担苦恼忧愁的人,因为,他已被人们的想象熔铸成精神上的"钢铁战士"。所以,领导也需要关怀。而员工懂得感恩,多替领导分忧,就是忠诚的员工。

(4)正确认识无伤大雅的"小错误"

从本质上讲,有才华的员工永远不做错事也是很难的,领导更是如此。所以员工工作时该谨慎谨慎,但不用处处小心,即使犯了小错误正确对待就行了。对待领导"犯错",更不能"揪住不放"。

与领导保持经常性的接触,可以加深彼此间的了解和交流,可以更好地领会领导的工作思路,可以在工作上多一些沟通工作的主意和策划,有利于员工的快速成长,使员工尽快成为"骨干分子"。

没有谁能随随便便成功

"领导什么都不干，只会坐在那里指手画脚。"

"做员工最辛苦，做领导最轻松！"

"他只是动动口，却让我们忙得团团转。"

"如果我是领导，会做得比他更好。"

真的是这样吗？

作为一名领导，其工作性质与员工有很大的不同，他必须思考企业的整体发展战略，必须对每一个重大的决策进行规划布局，这些工作表面上看没什么大不了，却需要长时间的知识和经验积累，特别是维持一家公司的正常运行，更是一个相当复杂的过程，为此，企业的"一把手"领导必须具备许多非凡的能力：

——强烈的事业心追求：这类人追求事业卓越的愿望很强烈。

——良好的整合能力：这类人具备极强的逻辑思维能力，能把各种纷繁复杂的信息整合起来，并迅速做出准确的判断。

——良好的承受力和坚持力：这类人承受压力的能力超强，勇于面临各种打击，不轻言放弃。

——良好的团队组织能力：这类人必须有调动团队整体积极性的才能。

退一步说，即使某些领导看上去的确很轻松很悠闲，这也并不意味着他们真的轻松悠闲。俗话说：当家才知柴米贵，养儿才知父母恩。小孩子往往只看见父母的威风，不知道父母的辛劳和操心，领导的处境也是如此，很多时候，员工看不到他们的辛劳。

每个领导都是"苦"出来的，没有谁能随随便便成功。

当员工看到领导出入高档宾馆酒楼，就觉得领导活得潇洒。其实，他们能在激烈的市场竞争中生存发展，让企业基业长青，就说明他们是有强烈事业心的，是肯吃苦耐劳的，他们中的许多人甚至是"工作狂"，没有时间和心情"玩"。的确，尽管他们比一般人更多地出入社交场所，但那多半是为了工作上的应酬而已，与一般人常说的潇洒相去甚远。

领导的乐趣也未见得比普通人多，相反，他们需要承担的是更多的责任和压力，想到更多的是企业的发展和未来。

领导也是普通人，有自己的喜怒哀乐，有自己的短板缺陷。他之所以成为领导，并不是因为他很完美，而是因为他有着其他人所不具备的领导天赋和才能。

因此，作为员工必须将领导看成是一个普通常人，用对待普通人的态度来对待他。不仅如此，还应给予更多的尊重与理解：因为没有了他们的努力和心血，企业的发展就会受到限制。

所以说，领导真的很不轻松，员工要设身处地为领导着想，多给予他们一点宽容，员工理解领导，领导体恤员工，这样和谐的工作氛围是企业大踏步前行的基础。

🎧工作讲方法，处事讲"人本之道"

领导是权威者，若领导说往东，员工却偏偏往西，这就成了问题。一个公司要想发展，就得团结；如果七嘴八舌，各行其是，肯定难以办成大事。

领导身为公司的主要决策者，其权威不容受到员工的挑战，虽然有时领导也会拿某个计划方案与员工讨论，但"民主"最后是要集中的，领导有其必须的"独裁性"。

上级管下级，是公司制度和管理的必然。如果情况倒转过来，下级"爬"到上级头上发号施令，就不光会被人指责为"以下犯上"，并且会使公司无法正常运转。

当然每个人都有失误的时候。身为下级的员工，对上级的失误，提出时要讲策略，即先要有尊重领导的态度，其次以理说服领导而不是自以为是，或当众加以嘲笑，以此来显示自己的高明，让领导"下不了台"。

有些员工以为自己为公司直言"得罪"了领导，尤其是错在领导而自己受了委屈的时候，总想向人倾诉自己心里的委屈，于是选择工作的"圈子"，向同事诉说。这样做的结果其实更不好，同事们本不愿意介入你与领导的争执，又怎能安慰你呢？他们既不忍心说你的不是，又不愿往你的伤口上撒盐，但看着你与领导的关系陷入了僵局，一些同事为了避嫌，不愿让领导误会自己与你串通在一块对他说三道四，反而会疏远你，使你愈发变得孤立起来。

所以当你与领导有了隔阂，如果相互之间心里存有敌意，总会给你的工作和你今后的发展带来负面的影响。最好自己主动伸出"橄榄枝"，与领导主动沟通，互谅互让，消除矛盾、误会，积极工作。

有些员工人老实，不爱说话，自以为只要踏实干活，认真工作就行了。于是他们远离同事，远离领导，有意见有想法从来不说，其实这样做也很不利于个人才能的发挥和事业的发展。换个角度而言，经常与领导沟通，有意见、有想法常与领导交流，让领导尽可能了解你，对企业对个人发展都是有好处的。

当然，很多员工认为与领导接近，会被他人认为有什么目的和企图；或者与领导接近，会被同事说有"拍马屁"之嫌，而引起误解；其实，员工如果不与领导接近，不了解领导脾气秉性，在被领导训斥或挑毛病时就会觉得很委屈。

刚毕业的小余和另外七八个年轻人一同被一家正向集团化迈进、急需大批新生骨干力量的公司聘用。为了表示对这批"新鲜血液"的厚望和鼓励，老板决定单独宴请他们。酒店离公司不远，新人们三三两两结伴而行，唯独将老板抛在了一边。小余看在眼里，不禁有了想法。

进入酒店落座之前，小余借故先去了趟洗手间。回来一看，果然不出她所料，同事们或正襟危坐、谨口慎言，或低头相互私语窃笑，不仅没人上前跟老板搭话，更将其左右两边的座位空了出来。看见老板强与大家笑的样子，小余赶紧说："我建议咱们都往老总身边一起凑凑吧！"说完，便很自然地坐在了老板左边的座位上，并对老板投去会心一笑。

小余的做法既得体又正确。因为本来这次老板就是想和新员工"亲近"一下，希望借此了解员工、发掘人才。但多数腼腆木讷的年轻人却辜负了老板的"美意"，把老板"晾"在了一边，这样老板的原有目的就达不到了。

其实，可能其他的员工也想在老板面前好好表现，但就是碍于脸面，怕别人说自己有"拍马屁"嫌疑后才退缩的。这是不对的。

一个不能主动为自己争取机会的员工，如果被提升，将来管理公司、面对客户或参加为公司争取利益的谈判时怎么能有魄力和手段呢？如果换成你是老板，你会提拔这样的员工吗？

当然很多公司里，员工直接面对的不是老板，而是逐级上司，所以尊重每一级领导都十分必要，如果员工想要以打越级报告的方式接近最高层老板肯定是不可取的，所以，好员工工作时，勤于与领导交流沟通，给领导全面了解认识自己实为必要。而与老板"亲近"，采用方法时应该多动动脑子，灵活一点，就像下文中成功"亲近"老板的林灵一样。

林灵是刚进公司没多久的新员工，她也是个会动脑筋的人，看到公司发展中有问题，她开始想找机会接近老板，但越级不行，思来想去，林灵写了一份对公司发展前景的意见报告书给部门经理，经理看后说"很好"，只是有很多建议的实施自己没那么大权力做主。

林灵借机说："其实我们每个人都有一些建议，不如把老板请来和咱们部门座谈一下，这样显得咱们部门的人都有为公司着想、愿与公司共同发展的愿望和决心！"部门经理一听觉得林灵所说很有道理，当即邀请老板，老板自然欣然前来。

开会时，为了表示对林灵建议的肯定，部门经理安排林灵和自己分坐老板的左右。在会上，林灵讲了自己的看法，老板听后，对林灵所提建议予以了肯定。

会后，同事们为能有这样一次与老板畅谈自己想法的机会感到兴奋，部门经理更是得到了老板的赞扬。其他部门也争相效仿，谁也没有觉得林灵是在"抢风头""拍马屁"。

其实和领导接近的机会太多在工作中的一点一滴里，所以，只要善于思考，机会一定会属于你。

小玲是刚刚毕业的学生。基于小玲的出色表现，公司提前结束了她的试用期。

成为正式员工的小玲大受鼓舞，她知道这是公司对她的肯定，更是老板对她的肯定。她想把自己的喜悦传达给老板，以说明自己是个知道感恩的人。

　　经过细心观察，小玲找到了可以单独接触老板的机会。每天中午，公司里所有人都要去食堂吃午饭，老板总是去得很晚，也许是事情多脱不开，每次老板到食堂时已经没什么人了。

　　一天中午，小玲"借故"晚去了食堂，"正好"碰见老板："董事长，没想到您也在食堂吃饭啊！"小玲自然达成了心愿，单独和老板聊了一个中午。原来老板也是个挺随和、爱聊天的人。

　　从那以后，小玲每隔一段时间就会"不经意"地和老板一起碰到吃午饭。小玲这样做既没有危害到其他的同事，同时又对自己的职业发展有好处。

　　老板也是人，也需要在业余时间与员工交流，那些见到老板就像"老鼠见到猫"，总想绕道走的人只会与机会擦肩而过。何况，小玲也并没有为接近老板而采取不正当手段。

　　企业是艘船，老板是船长，而员工是船上的每一个成员，只有船长船员同心协力，船才能到达彼岸。

🎧 关键时刻要敢"挺身而出"

在关键时刻"挺身而出"，体现了员工的责任心和担当意识。优秀的员工总能在关键时刻"挺身而出"，而领导也会把一些重要的工作交给他们去做。

作为领导，他们喜欢敢于挺身而出、承担重大责任和艰巨任务的员工。而油滑谄媚、善于"拍马屁"的员工或许会获得一时的信任，但时间长了，就会失去信任。

主动承担责任，不论事情成败与否；敢于迎难而上，无论困难大小，这都是有责任心的表现。另外，承担艰巨的任务是锻炼自己能力难得的好机会，长此以往，个人的能力和经验会得到迅速提升。尤其员工在完成那些艰巨任务的过程中，尽管有时会感到很痛苦，但痛苦却会让他们变得更加成熟。

某商场要开设自己的网站，需要克服大量技术上的困难，而具体到网站的设置，又牵涉到大量商业问题。

老板发了愁，到哪里去找既懂计算机又懂销售的人来负责呢？问了好几个人，但他们深知责任重大，自己又有许多不懂的业务，都推辞了。

商场的这项计划一直被拖延下来。保罗是计算机专业毕业的，在商场里从事计算机联网的工作，对商业销售并不懂。但当他看到老板一筹莫展的样子，便自告奋勇，说："我试试吧。"

老板抱着"试试看"的心理同意了。保罗接手之后，一边积极学习商业销售知识，向专门人员请教，一边着手解决技术上的问题。

项目推进的速度虽然不快，却在稳步前进。老板对保罗的信任也在渐渐增加，不断放手给他更大的权力和更多的帮助。最后，保罗完成了任务，也升为该网站的主管。

要成为老板眼中的"骨干员工"、"关键员工"，具有过硬的专业技术知识以及钻研精神是必不可少的。

曼斯是德国一家工厂的普通技术人员，有一次工厂的电机突然坏掉了，全厂停电，一大帮技术人员围着电机团团转，就是找不出毛病，他们使尽了浑身解数仍未能解决问题。正当厂长打算另请高明时，曼斯毛遂自荐。

曼斯是一个个子矮小，满脸胡子，穿着沾满油渍工作服的普通员工，他对厂长说："我可不可以试试？"

许多人都瞧不起他，厂长也带着一种怀疑的口吻问道："你几天能修好？"

曼斯想了想，说："三天时间吧。"问他用什么工具，他说只用一把小铁锤、一支粉笔就行了。

白天，他围着电机转悠，这儿看看，那儿敲敲，晚上，他就睡在电机房。到了第三天，人们见他还不拆电机，不禁怀疑起来，他的有些同事干脆对他说："别打肿脸充胖子了。"

还有一位跟他要好的朋友对他说："修不了就赶快放手吧！"可是他笑着说："别急，今晚就可见分晓。"

当天晚上，曼斯让人们搬来梯子，他爬到电机顶上，用粉笔在一处地方画了一个圈，说："此处烧坏线圈18圈。"

技术人员半信半疑地拆开一看，果然如此，电机很快就修好了，并恢复了正常运行。

那位和曼斯要好的朋友问他如何做到这样的，曼斯答道："除了认真掌握专业知识以外，没有别的好办法。"

厂长觉得曼斯是一个难得的人才，就把他调到技术部让他发挥自己的才能，并给了他1万元的奖金，不久，曼斯又升任技术部顾问。

可见，在关键时刻成为公司的"关键员工"，除了具备过硬的专业技术，还要有高度责任心。卡特总统在德克萨斯州一所学校作演讲时对学生们说："比其他事情更重要的是，你们需要知道怎样专注于一件事情并将这件事情做好——与其和有能力做这件事的人相比，不如自己做得更好，那样你就永远不会失业！"

所以，努力提高自己的专业技能，并力求精通岗位知识，全面提升职业素质，关键时刻挺身而出，发挥所长，你自然就成为企业的骨干力量。

作为领导，他们喜欢那些敢于挺身而出，承担重大责任和艰巨任务的员工，因为那样的员工是有责任心的员工。

情绪控制有妙方

　　每个人都有情绪、脾气、偏好等性格特质，领导也不例外，作为下属，每天与领导朝夕相处，免不了遇到领导有大发雷霆的时候，那么，员工是否想过要找到一些方法与领导沟通，让领导尽快"熄火"呢？只要有心，就一定能做到。

　　正所谓无风不起浪，员工要及时了解领导"发火"的原因。只有这样才能根据具体原因采取相应的对策，也就是我们经常说的"有的放矢"。

　　如果领导脾气大，动辄对下属大喊大叫，这可能表示他急于出成绩，自我压力大的心理态度。当然，也许还掺杂了对自己必须倚重的员工缺乏信心的情感。这类领导总是担心工作会做得不好，认为下属怎样也无法办妥使他深感困扰的事情。所以，他们会随时随地对员工"咆哮"或大声叫喊，他们的心中可能有这种想法：如果我把自己的意思大声说出来，对方可能会听得更清楚，不会忘记我的命令。而有些一般不轻易发火的领导突然"咆哮"起来，那很可能就是下属的工作做得确实令他难以忍受，这就要求员工从自身找找原因。

当然，在具体的工作过程中，导致领导生气的客观原因不胜枚举。主观上，领导脾气太大是一个重要的原因。假如员工能够了解到领导也有难言之隐，像他是担心工作不能如期妥善完成；像他是由于一时的着急而失去心理平稳，才向周围下属"开火"等，员工若了解了这些，与爱发脾气的领导相处，就会找到相处的方法。

当然，员工最好还要了解爱发脾气领导的情绪变化周期。

一般人们都有个情绪变化的周期，一段时候心情好，一段时候心情差。领导也不例外，在领导情绪低落时，他们的确易于对稍微负面的事情感到沮丧，而听到真正正面的消息也不大能兴奋起来；而在情绪"上升"时期，他们对一般挫折可能都不放在心上，遇到困难也能处之泰然。

在弄清领导的"发火"原因和情绪变化周期之后，员工就要采取以下方法应对领导的"发火"。

（1）首先，让他把火发够。

性格暴躁者"发火"总有个尽头。等到烟消云散，他们就会发现，无论自己平时是如何的通情达理、文质彬彬，这回可是输了理，冒犯了值得信赖的他人。他会害羞，会觉得不好意思，因此，员工碰到这种情况，不妨让领导把火发够，切不可以"针尖对麦芒"地马上"以牙还牙"。

（2）必要时"减弱火势"。

有些脾气太大的领导经常在员工不明原因的情况下就大发雷霆，弄得下属不知如何应对。据心理学家研究，经常对下属发脾气的领导，主要原因是他的权力欲在作怪。知道了问题所在，员工就可以对症下药了，当领导对你大发脾气的时候，你最好克制自己，先不要着急，更不要试图解释，经过冷静的思考后告诉他你会注意，会按他的要求去做。这样，当你离开他的时候，领导可能已经息怒了。

记住，当领导大动肝火时，员工不要与之争辩，更不要说一些推卸责任或强行解释的话，应该冷静地说："我立刻去办。"

然后，离开领导。这样领导也就慢慢冷静下来。

作为一个员工，如果你不能有效地让领导管理好"火源"，那么你就必须想办法控制"火势"，当面对领导的怒火"越烧越大"时，你要能巧妙地控制领导的"火势"，把领导的"怒火"减少到最低限度，这对你们以后的相处将极为有利。

（3）把握时机，打打"圆场"。

当领导愤怒的喊叫声稍微放慢或是暂停的时候，你要赶快打打"圆场"缓和一下气氛。因为，面对领导"发火"，员工如果一味盲从是懦弱无能的表现。

（4）积极辩护

但是员工能不能为自己辩护呢？当然可以。当员工被领导批评或指责时，虽然应该诚恳而虚心地听取，但并非说一定要忍气吞声全盘接受，必要时应该勇于为自己辩护，并且要做积极的辩护。

积极辩护是指在一个最合适的时机赶快通过言语、声音或是态度向对自己指责之人发出信息，这一方面表示你对他十分尊重，同时还表示自己对他所说极为重视，并对他所讲的内容感兴趣而且表示支持，比如，使用诸如"主任，请等一下，你刚才讲的事情听起来很重要，是不是可以把你的意思再讲一遍？"比如，"我知道您对这些事很在行，您就说希望我们怎么干吧"或是"您知道，我很看重您刚才所讲的意见，咱们是不是回过头来再好好讨论一下"之类的语句。讲的时候最好在前面加上"领导"的职务称呼，这样，双方交流起来都会控制情绪，能起到缓和气氛的作用。

（5）以幽默代替"吵架"。

幽默是一种缓和紧张、敌对关系最好的方法。当然"幽默话"要说得有水平，要恰到好处，尤其在领导盛怒之时，员工机智地用一句无伤大雅的幽默话能化解领导的怒气和自己的尴尬，这是一种智慧，也是一种难得的沟通能力。

领导发脾气并不可怕，只要员工从容应对，真诚相待，积极沟通，就能有效平息他们的怒气，化干戈为玉帛。

⋒ "宽容"待人，真诚面对

"背黑锅"是一种幽默的说法，是指本身不是自己的事，但却自己"扛"了下来。工作中常见员工替领导"背黑锅"的事，那么，"黑锅"背还是不背呢？

中国人酷爱"面子"，视"面子"为尊严。有"人活一张脸，树活一张皮"的说法，尤其做领导的会更爱自己的"面子"。有些领导，不慎做了错误的决定或说错了什么话，自己本来就已经觉得很尴尬，如果这时下属再直接指出或毫不客气地"揭露"领导的错误，无疑是向领导的"面子"挑战，会损害领导的尊严，刺伤领导的自尊心。所以，下属最聪明的做法就是以宽容待人、真诚面对的方式让领导能"下得了台"。

有一家公司新招了一批员工，在老板与大家的见面会上，老板逐一点名。

"黄烨（华）。"

全场一片静寂，没有人应答。

一个员工站起来，怯生生地说："老板，我叫黄烨（叶），不叫黄烨（华）。"

人群中发出一阵低低的笑声。

老板的脸色有些不自然起来。

"报告老板，我是打字员，是我把字打错了。"一个精干的小伙子站了起来，说道。

"太马虎了，下次注意。"老板挥挥手，接着念了下去。

这个打字员替领导"承认了错误"，实际上是帮领导打了圆场。

表面看来，这个老板没有什么水平，打字员在"拍马屁"。实则每个人都有自己的知识欠缺处，"犯错误"、"出洋相"难以避免。如果案例中叫黄烨的员工当时应答，事后再巧妙地纠正就不会伤害老板的"面子"。好在那个打字员承认自己"错"了，巧妙地让老板从尴尬中走出来。打字员宽容的做法实在是在情理之中的解除尴尬方法。

工作中，有时领导会把某些本来与员工无关的失误"推到"员工的身上，员工此时应学会"忍"，事后再做说明解释。因为工作中，很可能会出现这样的情况，某件事情明明是上级领导耽误了或处理得不当，可在追究责任时，领导却指责下属没有及时汇报或汇报不准确，此时员工只要在不影响大局的情况下，待有机会再解释都来得及。

在某单位中就曾出现这样一件事：上级部门下达了一个关于质量检查的通知后，要求有关部门届时提供必要的材料，准备汇报，并安排必要的下厂检查。某局收到这份通知后，照例是先经过局办公室主任的手，再送交有关局长处理。

这位局办公室主任看到此事比较急，当日便把通知送往主管的某局长办公室。此时，局长正在接电话，看见主任进来后，只是用眼睛示意一下，让他放在桌上即可。于是，主任照办了。然而，就在检查小组即将到来的前一天，上级部门来电话告知到达日期，请安排住宿时，这位主管局长才记起此事。

他气冲冲地把办公室主任叫来，一顿呵斥，批评他耽误了事。在这种情况下，这位主任深知自己并没有耽误事，真正耽误事情的是这位主管局长自己，可他并没有反驳，而是接受批评。事过之后，他拿到那份通知，连夜加班加点，打电话，催数字，很快地把所需要的材料准备齐整。局长也知误会了办公室主任，从此，局长愈发看重这位忍辱负重的好主任了。

　　为什么这位办公室主任明明知道这件事不是他的责任，但却闷着头承担这个罪名，背这个"黑锅"呢？很重要的一点就在于，这位主任知道，要以大局为重，因为人都有疏忽的时候，该包容时包容，是一种美德。虽然自己暂时受到批评，但到头来，领导会知道是自己错了，事实证明他的做法和想法是正确的。此后该局长经常与这位主任聊聊天，有些重要的事还推荐这位主任去做。

　　所以，即使领导做错了，员工也要尊重领导，而不是攻击或责难领导。如果有的"黑锅"员工"背不起"，甚至有可能会影响到自己的前程，必须找领导说清楚的时候，也要采取迂回的方式，这样领导比较容易接受。

　　宽容待人，真诚面对，该包容时包容，是一种美德。

🎧 正确对待功劳与批评

　　员工在取得成绩时，要正确对待功劳。不仅应与同事分享，还要感谢领导。

　　龚遂是汉宣帝时代一名能干的官吏。当时渤海一带灾害连年，百姓不堪忍受饥饿，纷纷聚众造反，当地官员镇压无效，束手无策，宣帝派年已70余岁的龚遂去任渤海太守。

　　龚遂简装到任，安抚百姓，鼓励农民垦田种桑，经过几年治理，渤海一带社会安定，百姓安居乐业，温饱有余，龚遂名声大振。

　　汉宣帝召他还朝。他有一个属吏王先生，请求随他一同前去长安，并说："我对你会有好处的！"其他属吏却不同意，说：

"这个人，一天到晚喝得醉醺醺的，又好说大话，还是别带他去为好！"龚遂说："他想去就让他去吧！"

到了长安后，这位王先生终日还是沉溺在酒乡之中，可有一天，当他听说皇帝要召见龚遂时，便问龚遂："天子如果问大人如何治理渤海，大人当如何回答？"

龚遂说："我就说任用贤才，使人各尽其能，严格执法，赏罚分明。"

王先生连连道："可以这样说，但应该这么回答：'这是百姓的功劳。'"

龚遂接受了他的建议，按他的话回答了汉宣帝，宣帝果然十分高兴，便将龚遂留在身边，任以显要的官职。

一般情况下，大多数人都不愿把自己辛辛苦苦立下的功劳或成绩让给别人，这是人之常情。但职场立功，不仅仅是自己一人的成就，更多的是团队的结果，领导的支持，所以员工在取得成绩时，应当想到军功章上有领导、同事的汗水，这样做，领导会认为你是个忠诚的人，感恩的人；同事也会更尊重你、认可你，而如果以后有为公司建功立业的机会，领导、同事也会首先想到你。

这种"让功"的做法是有利于团结的，表面看自己吃点亏，但却是与领导、同事和谐相处的秘诀之一。

俗话说，"金无足赤，人无完人"，作为下属无论多么优秀，在工作中出现差错也是难免的，所以被领导批评也是自然的。

虽然大多数员工面对领导的批评会心生不悦，还会产生"辞职不干"的念头，但是，凡事应该从多个角度进行考虑，员工在"挨训斥"这件事上不妨想一想"上司的职责就是管理下属"，自己有错被领导看到、指出是帮助自己的方法，不应心生怨恨。而领导在批评员工时也应讲究态度，不能认为"我批评你，你态度不好，我要更加批评你"，员工更不能产生"你说我，我就辩解或推脱"的心理。领导在批评员工的过程中应该找到好的方式方法，让员工在批评中意识到是帮助自己成长。

那么，员工如何才能正确面对批评呢？

首先，需要客观地面对批评，坦诚地面对"指责"。如果领导批评有道理，员工要善于"利用"批评。也就是说，接受批评才能了解自己错在什么地方，应该如何改进；其次，面对批评，要明白是领导对自己的关心和关怀。

就职业生涯来说，批评对员工本身的影响是非常有限的。但处理得好，反而会成为有利因素。可是，如果不服气，发牢骚，那么，这种做法产生的负面效应，足以使员工和领导的感情拉大距离，关系恶化。当领导认为你"批评不起"或"批评不得"时，也就产生了与批评相伴随的印象——认为"管不了你"，"动不了你"。

其次，员工在接受批评时不可当面顶撞领导，这是职场大忌。"顶撞"不解决问题，还会产生"对峙"等不良结局。所以，面对批评，员工要坦然大度地接受批评，并在事后进行认真反思。

再次，员工受到领导批评时，切忌反复纠缠、争辩，希望弄个一清二楚，这是很没有必要的。确有冤情，确有误解怎么办？可找一两次机会和领导谈一谈，最好也点到为止为佳。即使领导没有事后为你"平反昭雪"，也完全用不着纠缠不休。斤斤计较型的员工，是很让领导头疼的。计较的员工也可以说是没有责任心的，因为"寸土必争""寸理不让"的人头脑是不清醒的。而领导时间宝贵，也不可能为一件事与员工纠缠不休。

所以说，勇于接受领导的批评，对员工而言是有益而无害的。接受批评最关键的最重要的不是"面子"，而是接受批评的态度，优秀员工对于"训斥"的内容应认真进行反思，有则改之，无则加勉，使自己不断进步，在批评中成长。

职场资深员工戏称，员工接受批评是与领导相处时必须练就的一种综合能力。也就是说，面对领导的批评，要有正确的态度，有之改之，学会宽容面对、学会正确对待，这才是接受批评的一种态度。

立于忠诚
成于责任

第四章
责任心让合作绽放花朵

　　工作是生命中最珍贵的礼物，与同事相处，更是缘分。职场中提倡团结协作，不做孤胆英雄。

　　工作场所是一个集体场合，每个员工都应爱护和维护好它，所以加强责任心，让合作绽放美丽的花朵。

📢 同事不是家人，不能乱发脾气

处于情绪低潮当中的人，容易迁怒于周围的人，这是很自然的生理现象，但是工作是有规则的，为了展示真正的职业风范，更好地在职场中生存，必须根除自己乱发脾气的陋习，不在同事面前使性子、暴露消极情绪。

林科长任财务科长的第三年，上司给他委派了一名新主任。新主任是老会计出身，对所管辖的下属，谁工作认真、昼夜加班、出了成绩，他看在眼里、忘在脑后；谁迟到早退、不请假，或者没有给他及时送材料，他却牢牢记在心上，时不时地还给点颜色瞧瞧。尤其是对财务科的工作总是挑毛病、找破绽，好像怎么看怎么不顺眼。

面对"蛮不讲理"的新主任，林科长既没有当面顶撞，也没有逢迎巴结。他经常和本科室的人员开会，定出工作程序，交给新主任过目后，再切实执行，并做好系统记录，以便主任翻阅。这样安排工作，既减少了他这个财务科长与新主任的摩擦，也减轻了自己的负担。

有几次，林科长被新主任严厉批评，但他没有任何的异常情绪，也没有把这种情绪带到工作中去。相反，林科长每受到批评，必首先检查自己的工作、处事是否有问题，并且有错必改，或是重新评价自己，进一步做好本职工作。

同时，林科长对这位新主任还很尊重，他常向新主任请教，慢慢地，两人交流越加顺畅。

一年后，新主任对林科长褒奖有加，再也不像以前那样"恶声恶气"了，又过了半年，林科长被提升为财务部主管。

愤怒常常使人失去理智，人在愤怒的情况下做出的举动和判断也往往是错误的。工作中，员工应学会控制自己的情绪，这样才能更利于与同事、领导的合作，让企业顺利发展。

那么，员工该如何控制自己的情绪呢？

（1）调整消极心态为积极心态

不论员工在工作中碰到了什么不如意的事，要及时调整好心态，命令自己脸上要时常挂满微笑。因为笑脸不只可以掩盖坏情绪而且能够改变人的不良情绪，使人及时进入正常的工作状态。所以要学会调整心情。

（2）学会冷却自己的情绪

假如在工作中意识到自己情绪不好，将要爆发出来时，一定要告诫自己千万不能失控。可以上洗手间或其他地方走一走，冷静冷静，待理智占了上风后，心情平和再返回工作岗位。

（3）学会以积极的眼光看待问题

任何事情都有消极和积极的两个方面，如果变换一下角度，从积极的方面去看待一件事，也许会有另一番心绪。员工还可以站在对方的立场上来想想自己的"不是"，即使真的是对方的"不是"，也应多从对方的客观上而少从对方的主观上找原因，这时的你也许会觉得心头舒展了许多。

（4）学会把注意力集中在自己的工作上

一旦遇到让你生气引发情绪波动的事情时，切记不要把注意力放在谁是谁非上面，而应把注意力集中在自己的工作上面。这样，当你全心全力忙于自己的工作时，心里就会想着该怎样做好手头上的工作，自然就没有空闲去想那些烦人的事情了。

工作场所是一个集体场合，不同于你自己的家——即使在家也要考虑家人的情绪，而同事、领导都是与你共同工作的人，不是来看你脸色、受你脾气的。正所谓"一人向隅，举座不欢"，纵使你有一千个发脾气的理由，也不应该把坏情绪带到工作场所来。

⚘ 对工作中爱情要谨慎

面对工作中爱情，员工一定要在心里有一个尺度，要把握到位，千万不可做越位、出格的事。因为只有正确并谨慎地对待自己爱恋的人，才能在工作中更好地保护和发展自己的爱情。

工作中素有"培养爱情温床"的称号，男女同事在一起待久了，难免会产生超越正常同事感情的更深一层的情感，这就是爱情，但是工作场所毕竟不是恋爱场所，所以，工作中的爱情也有它自己的法规。

如果你和同事确实两情相悦，而你的公司又没有不允许这种情况发生的禁令，那么无论从爱情还是事业的角度，这都是一件好事。可另一方面，一旦你们处理不好这种关系，就会产生感情上的麻烦。爱情不是一帆风顺的，有时爱情已经结束，两人却不得不继续在一个空间里工作，这是最让人难受的事。不仅当事人感到不自在，其他同事的情绪也会大受影响。

美国人力资源管理协会前任主席兼首席执行官海伦·德里南认为："异性同事之间产生恋情是极其自然的事。"毕竟，在工作场所中寻找伴侣是符合逻辑的，正如成长期的少男少女总是把校园作为爱情的试验田一样。

有人在全美范围内对1000名公司员工做了调查，结果显示，47%的人曾经有过工作场所恋情，而19%的人认为如果有机会也愿意尝试工作场所恋情。所以，当工作场所爱情不可避免地发生时候，员工要讲究恰当的策略，规范双方的行为，这样会有助于降低潜在危险发生的几率。

比如，当你拿不准情况的时候，就老老实实按照公司制定的相关规则行事，越谨慎越好；比如，如果你是领导，与员工谈恋爱，那么你将首先考虑你作为管理者的地位这样做是否恰当，如果恰当，应怎样做。

工作场所中的爱情容易影响员工的工作效率。而且工作场所尽量不要有明显的示爱举动，比如接吻、牵手、互相凝视，即便在通往办公场所的路上或是在电梯里也应避免这样的情况发生。在公司的餐厅里，更不要和对方同吃一个盘子里的菜。彼此之间不要使用诸如"亲爱的""甜心""蜜糖""心肝"之类的爱称，最好也不要使用昵称。特别是当你的公司规定员工间必须使用正式称呼时，如果你的心上人是你的上司或下属，你应该尽力避免偏袒的嫌疑。职场中人要学会未雨绸缪，因为一旦爱情冷却且不能再和昔日恋人共事，你要能够全身而退。

有时候，恋爱的一方或双方会主动提出换个环境，这是非常正确的。

陈飞和亚莉是从工作伙伴变成情侣的，后来又结为夫妻，一切看似十分顺利。可陈飞在和妻子共事了5年之后提出，他不愿再和妻子在同一家公司上班了。

"我是一名推销员。"他说，"每当我来到办公室扔给亚莉一堆秘书干的活，就感到不舒服。还有如果我发现有人和她争吵，我也总是站在她这一边。我外向、精力充沛，而亚莉正好相反。"

工作场所中的爱情如果不可避免，双方一定要有智慧把它处理好。因为处理不当而导致的恶果会包括：当你工作的环境中充斥着关于你和你的异性同事的流言蜚语时，整个工作团队的凝聚力将受到影响。还有，如果上司和员工发生了恋情，别的员工可能会指责上司给自己的"心上人"开后门。

所以，对待工作中的爱情，千万要理性，不可逾越界限。只有这样，才能对自己和爱人负责，使自己和爱人的事业有好的发展。

∩ 告别嫉妒，对每个人说"佩服"

工作中，有嫉妒情绪是十分危险的，员工须学会打开心胸，学会超脱地看待同事的优秀和出色，化解嫉妒这颗毒瘤，放低姿态，对每个人说"佩服"，这时，你才会发现，身边友善的目光越来越多。

很多员工技不如人，却对别人的成绩嗤之以鼻，"妒人之能，幸人之失，"甚至为了别人比自己更优秀而指桑骂槐，暗中拆台；还有些人为了某人比自己更出众而愤愤不平，为了别人比自己更富有而郁郁寡欢，其实，嫉妒只能给人们增添烦恼，只能让人们心胸狭窄。

嫉妒往往来源于和他人的比较中，一旦认为他人在某方面比自己强，便会时刻想着如何打击他人、诋毁他人，这样的员工不可能埋头沉入自己的事业，因为他把所有的精力都放在关注他人的一举一动上了，那些被他所嫉妒的对象就像一根根长在他心头上的"刺"，这个"刺"成了他生活的中心，他因此而意乱神迷、无法掌控自己的人生方向。

古希腊哲学家德谟克利特所说："嫉妒的人常自寻烦恼，这是他自己的敌人。"

那么，该如何消除嫉妒心呢？

首先要正确地认识自我，正确评价他人。

要接纳自己，认识自己的优点与长处，同时也要正确地评价、理解和欣赏他人。如若因为嫉妒心理而给自己的精神带来烦恼或不安时，不妨冷静地分析一下嫉妒的不良作用，同时正确地评价一下自己，从而找出差距，做到"自知之明"。人只有正确地认识了自己，才能正确地认识别人，才能改正自己的错误，嫉妒的锋芒才会在正确的认识中钝化。

其次，要学会正确的比较方法。

一般说来，嫉妒心理较多地产生于原来水平大致相同、彼此又有许多联系的人之间。特别是看到那些自认为原先不如自己的人都"冒了尖"，于是嫉妒之心油然而生。因此，要想消除嫉妒心理，就必须学会运用正确的比较方法，辩证地看待自己和他人。要善于发现和学习对方的长处，纠正和克服自己的短处，而不是以自己之长比别人之短。这样，嫉妒心也就不那么强烈了。

再次，要充实自己的生活，寻找新的自我价值点，使原先不能满足的欲望得到补偿。

当他人超过自己而处于优越地位时，你应当扬长避短，多向他人学习，寻找和开拓有利于充分发挥自身潜能的新领域，尽快缩小与嫉妒对象的差距，从而达到自己进步的目的。

最后，要化嫉妒心为动力。

在工作单位，每个人都要在具有竞争的环境中客观地对待自己。不要把比自己优秀的同事当成与自己有竞争关系的对手，要当成自己前进的动力。学会肯定别人，把别人的成就看作是对社会的贡献，而不是对自己权利的剥夺或地位的威胁；学会将别人的成功当成一道美丽的风景来欣赏；学会将别人当作榜样，这样你就会在各方面努力，而你的思想也会达到一个更高的境界。

🎧 快速解开误会的 "死结"

置身职场，每个员工都有被误会的时候，当你明明是一片好心想要帮助同事的时候，却遭到了同事的冷言冷语，这时你该怎么办呢。

齐鹏到公司不久，老板还没有交给他什么具体业务，所以，他显得有些 "清闲"。一天，他见自己旁边座位的赵佳因事情太多，没有及时上交市场调研报告，被老板批评，就说帮帮她，没想到对方一下子把脸拉长了，问齐鹏是不是想怜悯她或嘲笑她，甚至想抢她的饭碗……

齐鹏一下子被弄懵了，他不明白自己的好心为什么被人当作了 "驴肝肺"？

问题出在哪里？问题就出在齐鹏说话时只注意自己的"好意"，而没有注意接受他"好意"的人将会产生什么感觉。

赵佳刚刚挨过老板的批评，自尊心受到了伤害，所以，在这种自尊心没有恢复正常状态下她变得十分敏感，容易将别人的帮忙当作怜悯甚至是别有用心，所以她此时不仅没有感受到齐鹏的好意，反而将齐鹏的好意误解了。

在与同事交流时，你的语言会在无意之中反映着你的情绪和情感。对于你无意或有意流露出来的情绪或情感，对方必然会有一定的感应，也就是说，你说的每句话，都在有意和无意之间调节着双方的关系，而这一点在职场中表现得更加明显。

所以，作为职场中人，无论你是什么文化层次上的人，都得重新学习"说话"。一些人总是说自己的老板或同事说话啰唆或枯燥乏味，但是在指责别人之前，你想没想过自己说的话别人是否明白，自己的好意别人是否会领会？

为了与同事建立和谐自然的人际关系，工作中的你应该从注意平时的说话做起，比如，你早晨上班时对同事说声"早上好"，下班时说声"再见"，这么简单的两句话，对于你自己来说，可能没有多大意义，但对你的同事来说感受则大不相同，他们能感受到你的教养和工作热情，因而他们愿意在各方面给你更多的帮助和支持。

当你的同事在与你交流沟通时，无论你回答什么，对方更在乎你对他的态度和反应。比如，中午同事见你正忙于加班，抽不开身下楼打饭，想帮你带份饭，便问你想吃什么，你说了句"随便"。从你的本意来说，你是不想太麻烦对方了，但你这个"随便"，加上你说话的表情和声调，有可能让对方感到的就是你"漠不关心的态度"，因而他下次再也不愿主动帮助你了。

有许多职场人士在与别人交流之后发现，自己的意思不仅不被同事理解，有时反而被误会，于是常常怪别人是"小心眼"，理解力差，其实，这可能是你只顾表达自己的想法而不顾及他人的感受造成的，所以即使你说话没有恶意，完全是一片好心，你也一样要顾及对方听到后的感受。

◯ 真诚让赞美锦上添花

《庄子·渔父》说："真者，精诚之至也，不精不诚，不能动人。"英国诗人乔叟也说："真诚是人生最高的美德。"足见真诚的宝贵。

在与同事的交往中，如果我们能够做到真诚的赞美对方以及赞美对方的真诚，就能与他们和谐相处。

（1）要真诚地赞美同事

同事之间存有本能的心理戒备和防卫，但有些人品较好的同事待人诚恳而不虚伪。相处之后，确认他诚恳而不虚伪，那么就应该给予赞美。因为，诚恳是人优良的品质。

心理学家曾对500余职场人士进行过测试，认为居前几位的优良品质是正直、坦率、忠诚、真实等等；而不良品质主要是不守信任、欺骗、奸诈等。

孙先生是一所中学的老师，他与教研组的白先生都要评高级职称。白先生知道孙先生与人事部门的人有一定的关系，于是他主观上就认为孙先生会在此事上玩点"花招"，而孙先生知道白先生对他有所怀疑，但他依旧对白先生态度如同从前。

白先生评上了高级职称，而孙先生却落选了，但孙先生却真诚地向白先生祝贺，他说："你评上了高级职称是我们教研组的骄傲。你的教学很有特色，很多学生都喜欢听你的课。我讲课也很用心，但没有你讲课那样有吸引力。以后，我要多向你学习学习……"

孙先生没有用嫉妒和敌对的态度对待白先生，而是用诚恳的赞美夸奖白先生的优点，白先生颇受感动："其实，你的业务能力挺强的，你为人也很有个人魅力。当初，我还以为你在职称评定上有别的'动作'，事实上你却如此真诚，实在……"

案例中，白先生用对比的方式赞美了孙先生的诚恳。

是的，成功与美德是衡量人生事业的两把尺子，同时具备这两者的人，是高尚的。

（2）赞美需要注意的问题

诚恳赞美同事，是一个很好的赞美话题。在人际关系变得日益淡薄的现在，诚恳显得更为珍贵，也就更值得肯定。赞美同事的诚恳，首先要自己态度真诚，而且还要保证是言之有物的真诚赞美，而不是虚假应酬式的恭维。

（3）赞美不宜过分夸大，而应让人感觉实事求是

赞美同事，需要实事求是。赞美不应阿谀奉承，曲意逢迎，也不应过分看谁都不顺眼，总是自以为是。

马柏的同事吴明是一个很诚恳的人。马柏很喜欢玩电脑游戏，一次，他问吴明有没一个游戏软件。吴明没有这个软件。后来，吴明去电子市场，特地买了马柏所要的那个游戏软件。他将软件借给马柏安装。马柏执意要买下来，吴明说："反正我自己也要玩这个游戏，大家都是同事，别那么见外。"

事后，马柏对其他同事说："吴明这个人很值得交往，他待人诚恳实在。我向他借个游戏软件，他自己没有，就特地买了软件借我用。这种人太难得了。"

赞美同事时，可以当场赞美，因为当场赞美，可向对方直抒胸臆；也可背后向第三者（比如在场的另一个同事或朋友）发表

感慨，描述过程等。但无论哪种赞美，都要有诚意，这样被赞美人才会体味到"真诚"的成分，感激的成分，而背后夸奖同事，是职场的"高人"。

高明的赞美是在背后说别人的好话，赞美他人，因为这种赞美会被人认为是发自内心，不带私人动机的。其好处除了能给更多的人以榜样和激励作用外，还能使被说者在听到别人"传播"过来的好话后，更感到这种赞扬的真实和诚意，从而增进友谊和对说好话者、赞美者的信任感。

工作中，很多同事都有出色的表现和引以为自豪的才能，只是这些表现和才能有时不能够为领导或其他同事发现，此时如果你充当一个"发现者"的角色，在背后夸奖同事，同事知道后会非常感激的。

同在一间办公室的张小姐和王小姐素来不和。

有一天，张小姐忍无可忍地对另外一个同事李先生说："你去告诉王小姐，我真受不了她，请她改改她的坏脾气，否则没有人会愿意理她的！"

李先生说："好！我会处理这件事。"

以后王小姐遇到张小姐时，果然是既和气又有礼，与从前相比，简直判若两人。

张小姐向李先生表示谢意，并且好奇地问："你是怎么说的？竟然有如此的神效。"

李先生笑着说："我跟王小姐说：'有好多人夸奖你呢，尤其是张小姐，说你又温柔又善良、脾气好、人缘也好！'"

看看，责备和批评只会带来更大的怨恨和不满，如果为了让状况有所改善，何不尝试以赞美、夸奖的方式呢？当然，赞美、夸奖需要尺度，不能无原则、无底线地夸大；也不能为了夸奖而夸奖；更不能奉承或巴结。真诚的夸奖、赞美会成为同事间和谐相处的润滑剂，使他人因夸奖、赞美而产生对你的信任。

宁伟比较热心，经常利用休息时间去看望邻居家的孤寡老人，帮助他们做事。后来，他的同事蔺英发现了这个秘密，回来后对其他同事装作不经意之中谈起这件事情。

宁伟照顾孤寡老人的事情不胫而走，不久，公司提拔宁伟做了主任，而宁伟得知是由于蔺英的"告密"，以后和蔺英的交往开始频繁起来。

现实中，有一些领导喜欢在背地里"打听"一些同事的情况，这也是他们了解员工的一种方式。此时如果你对同事优点及优势进行表扬，那么，同事之间相处就会更加融洽，而那些原来在领导心目中很普通的同事的才华、才能也都被领导知晓，对领导任用极为有帮助。

当面说和背后说方式是不同的，效果也会不一样。在背后说同事的"好话"，能极大地表现一个人的胸怀和诚实，有事半功倍的效果。因此多在第三人面前表扬、夸奖同事，这样被表扬、被夸奖的同事必然认为你是真心的赞美，是毫不虚伪的夸奖，会真诚地接受。

⚙ 信任架起沟通的桥梁

　　信任在同事交往中是非常重要的一环，如果缺乏信任，即使你的交往技巧十分高超，也只能获得最初的好感。而对职场人士来说，适度的信任是职场中的润滑油，不仅能令同事感到温暖，而且也能令自己显得更自信、大度、有涵养。

　　一位资深记者透露，目前诉说职场信任危机的朋友很多，不少人称："人际关系在工作中最难办，一旦遇到信任危机，更是头疼。"

　　这位记者举例说他的一个朋友是很善良的人，可同事们却总是怀疑她这个那个的，总在背后伤害她。而她又内向，不懂得与人沟通，在单位与人关系一直处得不好，工作得极不开心。如果不是需要那份收入，她可能早就换工作了。

信任，真的很难吗？

人与人之间的沟通能否达到一定的效果，是建立在相互之间的信任度基础之上的。单位里的每个成员之间都需要共同合作携手做事，因此，必要的信任是沟通的桥梁。

我们来看一个故事：

楚国有个著名的画家叫郢人，有个著名的石匠叫匠石。一天，郢人为神像着色，鼻子尖上沾了点白泥巴，然后喊来匠石："快，把我鼻尖上这点白泥巴用利斧削去吧！"

匠石点头，挥起手中的利斧。

"使不得！使不得！"一位老人吓得跌跌撞撞地跑过来，拦住了匠石。又对郢人说："万一他一失手，你的鼻子可就再也长不上了！"

郢人微微一笑："老先生请放心，我对我的朋友很有信心，他是不会有万一的。"

说罢，郢人气定神闲地对匠石说："朋友，请吧！"匠石立刻在众人的惊呼声中胸有成竹地挥起大斧，"刷"的一道白光闪过，只见郢人鼻尖上的白泥巴已被削得一干二净，鼻子却丝毫无损。

人们在交往中需要相互信任，不仅要像上面的郢人一样信任对方的能力，更要信任对方的人品。

可是，在工作中，很多同事之间不信任的程度尤甚，这给职场人的沟通交流设置了可怕的交际障碍，甚至是情感障碍。其实，你只有信任别人，别人才会对你也充满信任感，否则，诚信的交流从何而来呢？同事之间的相互信任可以产生巨大的力量，但若互相猜忌就会种下祸根。所以，要想获得同事的信任，就请先信任自己的同事。

常言道："难得糊涂。"这句话历来被推崇为高明的处世之道。员工之间对无原则事要有"糊涂"的胸怀。比如同事之间谁在背后说了谁几句"坏话"，不是原则就当没听见，以免起纷争。

管理层的人员也要懂得运用这一方法，如员工在某一件小事情上做错了，你就应该原谅他、包容他，给他留个进步的"梯子"，这样，犯小错的员工就会很感动，会对企业更忠诚。即便员工犯了大错，只要不是不可饶恕的，做领导的若能秉承"知错就改，善莫大焉"的处理态度，相信员工也会对你感激涕零并安心工作。相反，如果你过分批评和惩罚员工，小事变大，大事不可饶恕，他们反而会为自己的过失找借口。所以，一个成功的管理人员应该做到大事认真，小事"糊涂"，不与下属斤斤计较，以此取得员工对自己的高度信任。

比如，当领导忘记把材料放到了哪里而指责下属时，下属不需要为自己辩解，装下"糊涂"，就说自己记不清了，然后再重新拿一份来；或者，有时候同事挨了处分，"面子"上过不去，我们不要去安慰，装作不知道反而会更好；还有某个问题，明明你是对的，但同事说错了，也不要去说破，"装装糊涂"，在同事知道了正确的答案后，也会感激你，无形中你们的关系也会被拉近，信任感会越来越多，这样的"糊涂"于人于己都有利，而"装一装"并不是多圆滑的事。

人生在世，精明能干，固然容易取得成就。因为精明的人具有才能，能够做许多别人做不到的事情，而且十分干练，自然会得到人们的羡慕。但功过得失，难免旁人说三道四，道短论长，而"糊涂一点"，会减少很多烦恼！一个人一生当中，不知要和多少人交往，如果遇到无伤大雅、无关原则的事，不妨豁达大度一些。

当然，我们这里所讲的"糊涂"是相对来说的，主要是在人际关系方面；工作上，我们不主张凡事都睁一只眼闭一只眼，对什么都漫不经心，满不在乎，因为，如此一来，就没有了工作的动力，就成了名副其实的"糊涂虫"了，这种"糊涂虫"在职场中是最不受欢迎的人群之一，早晚会被工作淘汰。所以，该"糊涂"就"糊涂"，该精明则精明，这才是我们提倡的工作原则。

努力成为最受欢迎的人

有人说：世界上最强的黏合剂，就是人的亲和力。这句话是很有道理的。员工如果时时具有一种积极、激扬的情绪，有一张笑容可掬的脸和一颗积极向上的心，就一定会成为公司里最受欢迎的人。

要想成为优秀员工，一定要具有非凡的亲和力，甚至可以说，亲和力是成为优秀员工的必备条件。

与同事之间的交往是每个员工绝对不可忽视的大事。同事关系处理好了，不但有一个和谐的人际关系，而且还非常有利于工作的进展。所以，亲和力是同事相处的有力法宝。

好的同事之间的关系，有如海洋上的风，顺风可助你劈波斩浪，全速前进；逆风会使你倍感阻力，让你驾驭的小舟颠簸不已。

所以说，你需要同事们接受你、认可你，而这其中，建立亲和感是十分重要的。一个人的亲和力就像太阳，它产生的力量即便在寒冬里也可以让人脱掉沉重的大衣来感受阳光的沐浴。一个员工如果具有这样的亲和力，就能使自己在同事面前如冬日暖阳，没有人能够拒绝你的热量。

此外，亲和力还有着无与伦比的力量，它可以增强人的信心，重鼓人的勇气，甚至可以让人走出事业的泥沼，到达一马平川的平原。

艾尔·艾伦是美国联合保险公司业务部的一名成员，虽然他一心想成为公司里的莱特那样的王牌推销员，但起初他却业绩平平。

一个寒风刺骨的冬天，在威斯康李市区，艾尔·艾伦冒着严寒沿着一家家商店揽业务，结果都以失败而告终，他对自己极不满意，也对自己非常沮丧。

当他非常懊恼地回到公司时，他大吃一惊！原来他的同事莱特正在等他，一张恳切的脸，一双热切的眼睛，和一双很温暖、很有力度的手，这都给了他重新振作起来的力量！

"艾尔，辛苦了！"莱特递上一杯咖啡，很真诚地说。

"谢谢！"艾尔·艾伦非常感动。

"我什么都不想跟你说，我只想告诉你，困难总会过去的，你什么都不要怕，我会支持你的！我也相信你一定能成功！真的，你会是最棒的保险业务员的！"

"是吗？我一定努力，我会成为你所希望的那样的。"艾尔·艾伦说着。

第二天，从公司出发前，他信心百倍地对莱特说："等着看好吧！今天我要再去拜访那些客户，并且拉下和你一样多的业务！"

艾尔·艾伦没有食言，他果然说到也做到了。他回到了威斯康星市区，再度拜访他昨天所谈过话的人，结果他拉下了将近70个新的业务。后来，他果真成为了公司里和莱特并驾齐驱的王牌推销员。

莱特的亲和力竟然有这么大的能量！不仅让同事感动，更重要的是达到了激励同事的目的。

所以，当你领略到亲和力的重要性之后，是不是也同样渴望自己也能拥有此种"魔力"，是不是也希望自己手中能拥有这种神奇的黏合剂，那么以下建议会助你一臂之力的。

（1）成为第一个到公司的人

有些员工每天都是最早到达公司的人。有时公司还未开门时，他们就到达了。这样做在许多人看来也许没有什么意义，其实不然。

仔细想一想你就能明白，当其他同事睡眼惺忪地赶到公司时，你已经投入到工作当中去了，他们的感受将会是怎样的？肯定会认为你是个积极、有干劲的人，就这样，你在不知不觉中就会成为大家学习的榜样。

（2）要让情绪乐观起来

有些人面无表情，但并不代表他们内心冷酷无情，所以，这类人需要学会将情绪乐观传递给同事。还有些人热情奔放，永远带着一副笑容，同时还爱助人为乐，那么，这类人要将自己的优点一直发挥下去，带动更多人乐观起来。

因为前者由于面无表情，别人不能从其表情中了解到他们的内心真实想法，这种人可能不会给同事留下好印象，更别说得到同事的称赞了，同事只有通过慢慢了解才可知道他们也"有情有义"。而后者的"友好"写在脸上，他们热情、开朗，人际关系好，所以易得周围人的爱戴。所以说，员工要学会积极地表达感情，感情表现得越积极，同事就越觉得你有魅力，这样才能拉近彼此间的距离。

（3）要拥有一个好人缘

赢得好人缘要有长远的眼光，要在他人遇到困难时主动帮助他人，在他人有事时不计回报，"该出手时就出手"，日积月累，留下来的就是好人缘。在单位中，一个人的能力固然很重要，但想要成功绝离不开他人的帮助，"好人缘"对帮助很重要。

任何公司总有一些人虽然能力很强，水平也不低，却得不到别人的喜欢，当然还有一些人更不愿意在他人需要帮助时出力相助。相反，有些人虽然能力平平，但人缘极好，大家都愿意与之相处并积极帮助其完成工作，这有可能与他们爱助人为乐有关系，这就是"人缘"的作用。

（4）只求工作，不问报酬

拿破仑·希尔曾说过："任劳任怨，不计酬劳，是敬业精神的精髓。"员工在建立了"任劳任怨，不计报酬"的好名声之后，就会受到其他同事的尊重。此时，就算他工作成绩还达不到最高水平，但别人也不会去挑他的毛病，说不定他还会成为别人学习的榜样呢？

（5）真诚待人，不虚伪做作

与同事交往的过程中要以诚相待，不能虚伪做作。表里不一的人慢慢会被同事疏远，被领导批评，所以真诚待人是拥有亲和力的必备原则。

（6）要有主动交往意识

在工作中，一定要有主动交往意识。当其他同事将友谊之球投掷给你时，你要好好接住，并且"回掷"过去，因为，这是合作交往友好的开始，也是个人发展的条件，更是做人的基本品德。

立于忠诚
成于责任

第五章

责任在肩，永不卸下

　　"责任"是人一生的义务，员工有了责任，就有了最基本的职业精神，企业有了责任，就有了企业的文化精神，责任可以让优秀员工脱颖而出，让企业蓬勃发展。

　　员工的成功，与一个企业和公司的成功一样，都来自于责任在肩。人们常说，责任胜于能力，确实，有能力的人很多，但没有责任，空有能力也做不成大事。

⋒ "归零"心态是拥有责任心的开始

俗话说，人往高处走，水往低处流。人们通常会被位高者的风光所迷惑，却不懂要"上位"须经过自己的努力，而责任在肩是努力的基石。有些职场中人为得到官位、权力不择手段，上演了一幕幕职场中"升官"剧，但这些人的"官"并不能坐长久，因为真正靠努力走上官位、权位之人都是责任在肩的。而要有责任心，"归零"心态极为重要，即需要一种逆向思维，降低身价向下走，这样才能为未来的提升助力。

具有"归零"心态的人，其心灵总是敞开的，他们能随时接受别人的启发，善于发现一切能激发灵感的事物，他们时刻以责任、担当为己任，不仅思想上"归零"，行动上也"归零"。

王林大学毕业，进入一家机械厂工作，被分配到基层部门担任管理人员。因为他不懂生产，不熟悉工艺流程，所学的专业与实际操作衔接不上，在管理上明显感到力不从心。

而与他同时分配来的几个大学生，不能胜任工作，却不从自身找原因，而是一味发牢骚：抱怨工厂待遇太低，升迁太慢，认为在这里工作是大材小用。他们甚至以"跳槽"相威胁，让厂长给他们安排更好的位置。

就在同伴们相继"活动"之时，王林却向厂长提出了反向的要求：让他下车间，当工人。厂长惊讶极了，转而对他的选择表示了赞赏："好，小伙子有志气！"然而王林的做法却没有得到同来的人的理解，消息传出，那几个同伴认为王林"做样子"。

王林不理会议论，安安心心做了一名工人。他一心扑到了工作上，努力钻研各项技术，熟悉工作流程。两年后，他升任车间主任，因为他懂技术，所以他所在车间的产品质量是最好的。而此时，当年跟他一起进厂的同伴要么离开了，要么仍在原岗位发牢骚。

几年后，厂里决定试行承包制。王林承包了一个车间，因为产品质量过硬，营销得力，他很快就打开了市场销路，在全厂中赫赫有名。

后来，王林又走上了领导岗位，成为赫赫有名的民营企业家。在总结成功经验时，王林说："海纳百川，才成汪洋之势。年轻人要学会从基层做起，充分积累经验，将来才能有成功的本钱。"

"归零"心态是一种在低位思考高位的理智心态。王林没有被一时的利益所诱惑，能够做到心态"归零"，最终取得了成功。

往低处流的水，看似没有什么，最终却可以汇入海洋，动辄掀起滔滔巨浪，顷刻间可以水柱冲天。往高处行走的人，虽历尽千辛万苦，以为能看到无上美景，却不知前路艰难，常常处在岌岌可危之处。谁更聪明一点，答案显而易见。

"归零"，让职场中的忠诚员工，心中有智慧、能分辨出自己走什么样道路，他们对待工作，因为有"归零"的心态，所以有敢于滑入浪底的勇气，最终登上高峰。

责任让 "上班奴" 变身 "上班人"

英国著名作家萨克雷曾经说过："生活是一面镜子，你对它笑，它就对你笑；你对它哭，它也对你哭。"这句话蕴涵了丰富的人生哲理，如果从"责任"的角度来看，我们可以这样理解：如果你能够承担起责任，一步一个脚印地对待自己的工作，那么公司必将给予你实实在在的回报；如果你敷衍工作、消极怠工、试图逃避责任，那么，公司给予你的也很少，甚至可能是一场虚空，而且你永远都不会拥有令人骄傲的事业，永远也不会创造出令他人羡慕的成绩。

有个老木匠准备退休，老板问他是否可以帮忙再建一座房子，老木匠勉强答应了。但老木匠的心已不在工作上了，他用料不再那么严格，做出的活也全无往日的水准。总之，他的责任心已不复存在。

这座房子建好后，老板并没有说什么，只是把钥匙交给了老木匠。"这是我赠送给你的房子，"老板说，"是我送给你的退休礼物。"

老木匠一生盖了许多好房子，最后却为自己建了一座粗制滥造的房子。

这不过是一个故事，但却生动地说明了责任是职场天平上最有分量的"砝码"这一道理。

美国出版家阿尔伯特·哈伯德先生讲述过这样一件感人的小事，可以让我们更好地理解责任在工作中有多么重要。

几年前，我去巴黎参加研讨会，因为开会的地点不在我下榻的饭店，我看地图研究许久，仍然不知道该如何前往会场所在的五星级宾馆，于是我走到大厅的服务台，请教当班的服务人员。

当班的服务人员是一位身穿燕尾服、头戴高帽的老先生，他有五六十岁的年纪，脸上有着灿烂的笑容。他仪态优雅地摊开地图，事无巨细地写下路径指示，并带我到门口，对着马路比画宾馆的方向。

在我致谢道别之际，他微笑有礼貌地回应："不客气，祝你很顺利地找到会场。"接着他补充了一句："我相信你一定会很满意那家饭店的服务，因为那里的服务人员是我的徒弟！"

"太棒了！"我笑了起来，"没想到你还有徒弟！"

老先生脸上的笑容更加灿烂了："是啊，我在这个工作岗位已经做了25年，培养出很多的徒弟，而且我敢保证我的徒弟每一个都是最优秀的服务人员。"他的言语中流露出发自内心的骄傲。

"什么？25年了，你一直站在旅馆的大门口啊？"我不禁停下脚步，请教他工作中乐此不疲的秘密。

老先生回答说："每年有许多外地旅客来到巴黎观光，如果我的服务能帮助他们减少'人生地不熟'的胆怯，让大家像在家里一样放松，有个很愉快的假期的话，这不是很令人开心吗？而旅客高兴就会让我感觉自己好像也跟着大家度假一样愉快。

"我的工作是如此的重要，许多外国观光客就因为我而对巴黎有了好感。他说，"所以我私下里认为，自己真正的职称，其实是——'巴黎市地下公关局长'！"他眨了眨眼，爽朗地说。

漂亮的回答！这真是个懂得工作真谛而能乐在其中的"工作狂"。

这位老先生在平凡的工作岗位上，能承担起自己的那份责任，所以他创造了不平凡的人生价值——让所有接受过他的服务的人感到轻松愉快。

时下，有很多人对待自己的工作敷衍了事："我不过是在为老板打工。"这种想法颇具代表性，在他们看来，工作只是一种简单的雇佣关系，做多做少、做好做坏对自己意义并不大。

这种想法真是大错特错，因为，如果你只把工作当成一种养家糊口的手段，那么你一辈子只能成为工作的"奴隶"，只有时刻站在事业的高度对待你的工作，你才能真正走上成功之路。

责任感是职场中人战胜工作中所有问题的强大精神动力，责任感使职场中人有勇气排除万难，甚至把"不可能"完成的任务完成得相当出色。或许有些人说，只有管理阶层才需要有责任感，我只是一名普通的员工，企业好坏和我没多大关系，这话就大错特错了。殊不知，没有江河，无以汇成大海。企业是由众多员工组成的，虽然每个员工的分工不同、岗位不同，职责也不尽相同，但每一个员工都承担着企业生死存亡、兴衰成败的责任。

实际上，员工若缺乏工作责任感，无异于给自己贴上一张"失业"的标签。因为对工作负责，就是对自己负责，就是对家庭和社会负责。企业容不得半点不负责！

⚪责任就是务实，务实就是脚踏实地

一位哲人曾经说过："世界上能登上金字塔顶的生物只有两种：一种是鹰，一种是蜗牛。不管是天资奇佳的鹰，还是资质平庸的蜗牛，能登上塔尖，极目四望，俯视万里，都离不开两个字——务实。"

责任就是务实，而务实就是脚踏实地，把思想转化成行动。肯德基在进入中国市场的准备期间，公司派了一位代表来中国考察市场。这位代表来到首都北京，看到街道上人头攒动的场面，内心激动不已，尽情地畅想着肯德基一旦在中国开店后的美好未来。带着这份美好的想象，他回到公司复命，但回到公司后总裁还没等听完他的"美好遐想"就停了他的工作，另派了一位代表来北京。

新代表是一位非常有责任心和务实的人，他先是在北京几条街道测出人流量，进行了大量的实地走访，然后又对不同年龄、不同职业的人进行"品尝"调查，并详细询问了他们对炸鸡的味道、价格等方面的意见，另外还对北京油、面、菜甚至鸡饲料等行业进行广泛的摸底研究，并将样品数据带回总部。

不久，那位新代表率领一群人又回到北京，肯德基从此打入了北京市场。

肯德基要打入市场，光是有美好的愿望是不行的，还要以行动来提供实际的数据和情况报告，以供公司做决定。这就是两位代表的差别所在。他们的任务都是在考察市场，都是为肯德基进入中国市场做准备，但只有第二个代表圆满地完成了自己的任务，这是因为，他不仅负责任地工作，而且身体力行，脚踏实地，最终完成了公司交给他的任务，而且也实现了自我的工作价值。

务实的着眼点是"实"，即实际。每个人都会有自己的梦想，但许多人却无法实现自己的梦想，这是为什么呢？这是因为他们大都缺乏责任心，缺乏务实心态，不能从实际出发，用行动去实现自己的梦想。

大凡成功者，都具有超强的责任心和务实心态，他们不是只会做梦、只做计划、只会空谈的人，而是行动者，是会把梦想和计划付诸行动的人。他们一旦下定了决心，就会马上行动。他们懂得，成功必须依赖于行动，而能力、教育和知识这些东西，只有当人已经开始行动的时候，它们才会助人一臂之力。

很多有天赋的人之所以平庸，就是因为他们缺少责任心和务实精神，他们不能有效利用自己的能力，面对工作中纷繁复杂的问题和变化，他们选择逃避，把自己埋藏进梦想的"避风塘"，或者只是简单地空想，甚至，他们不敢把自己的梦想投入到实际行动中去，害怕它们会经不起现实的考验，会成为泡影。

现实中，任何事物都是常变常新的，可以说，变化是发展的本质。员工要根据不断变化的工作去行动，而不是固执己见，或逃避困难，最终为空守梦想找借口。事实上，任何事情没有变化，就无从令人成长和进步。

有责任心的务实者从不惧怕变化，因为他们的想法有行动做保障。任何事物的变化并非一定就是负面的，全看人是否能主动采取行动，掌握它、支配它。而不敢行动的人，只有等待变化来把他吞没。

　　有责任心、务实的人相信有播种就会有收获，他们从不奢望"天上掉馅饼"。不劳而获的思想与务实的工作作风是格格不入的，因此，对于具有务实心态的人而言，责任心是行动的强大动力，否则，机会即使来到自己面前也无法将其抓住。

　　员工有责任心就会有务实的态度，没有责任心，务实的态度就无从谈起。可以说，如果没有务实的态度，爱迪生纵然有再聪明的头脑也不会成为发明家；如果没有务实的态度，比尔·盖茨即使智商再高，也不能成为世界上的超级富豪；如果没有务实的态度，达·芬奇即使再有天赋，也不会有《蒙娜丽莎》的问世……

　　所以，职场中人想要在职场中获得成功，必须靠责任心、务实努力来实现，责任心、务实会将渴望成功的思想变为踏踏实实的行动。否则，成功的愿望也只能停留在想象层面，不能变成现实。

✿ 实现目标靠的是责任

俗话说："心急吃不了热豆腐。"谁都明白，饭要一口一口地吃，任何人都不可能一口吃成大胖子。但是对于很多员工来说，好高骛远似乎成为了一种通病。

许多实现了人生目标的人都说，他们取得今天成绩，不是"一步到位"，是一步一个脚印地走下来的，最终取得成功的。

人生中的每一步对于实现成功目标来说都很重要，尤其是人的第一份工作更是不可缺少的成长经历。请千万记住一点：任何事情的发展都需要有一个逐步提升的过程，任何宏伟目标的实现都需要有一个日积月累的时期。

几十年前，有一个年轻人来到美国西部，他想做一名新闻记者。可他人生地不熟，感到无从着手，于是写信去请教报界名人塞缪尔·克莱门斯先生（即马克·吐温）。

不久，克莱门斯先生给他回信说："假如你能按照我的话去做，我可帮你在报界谋得一个职位。现在请告诉我：你想进哪家报社？这家报社在哪儿？"

接到克莱门斯先生的回信，年轻人异常兴奋，于是又写了一封信，写上他所向往的报社名称及其地址，并向克莱门斯先生诚恳表态，愿意听从他的指示。

几天后，克莱门斯先生的第二封回信到了他手中，信中说："如果你肯暂时只做工作不拿薪水，你到哪一家报社，人家都不会拒绝你；至于薪水问题，你可以慢慢来。你可以对报社的人说，你现在很想找份工作来充实自己生活，但可先不要报酬。这样一来，无论是哪家报社，无论它现在需不需要人员，都不好一口回绝。

"你在获得工作之后，一定要主动工作，直到同事们渐渐感到缺少不了你时，你再去采访新闻，把写成的稿件给编辑部。如果你所写的稿件的确符合报社的要求，编辑自然会陆续发表你的稿件。这样一来，你就会慢慢晋升到正式外派记者或者编辑的岗位上，大家也就会渐渐重视你。这时，你没有薪水的事就不必担心了。而你的名字和工作业绩肯定会被老板知道，这样，你迟早会获得一份薪水颇丰的工作。

"不久，很多报社都会来争相聘用你，你可以拿了聘书给主编先生看，对主编先生说，其他报社要给你多少月薪，假如这里也愿意出这些月薪，你仍然会继续做下去。当然，到了那时，即使其他报社给你更高的薪水，但如果数目与这里相差不是很大，你最好别离开老地方。"

青年按照克莱门斯先生所说的去做了，果然，没几年便成为一名著名的新闻工作者。

不止这位青年，后来还有5位青年请教克莱门斯先生，也相继获得了帮助，找到了他们所向往的工作，如今，有一位已成了美国某家权威日报的主编。所以，一步一个脚印、踏踏实实地工作，就一定能实现梦想。

职场中，人们很容易把自己看得很高，因而也容易变得好高骛远，贪多求大，还有些人总想在事业刚起步时就能站在高点上，特别是那些拥有高学历的年轻人，不愿意从基层干起。这样做的结果，往往适得其反，因为没有初期实践，很多人难以如愿实现自己日后的理想。同时，由于对未来的期望值过高，要求太多，所以更容易遭到工作给予的挫折，从而丧失许多宝贵的工作机会。

实际上，从基层做起，能使自己拥有更多的工作机会，也能学到更多的工作经验，并能更加充分地展现自己的才华和能力，使自己快速脱颖而出。

🎧 完美工作从执着开始

荀子说："锲而舍之，朽木不折；锲而不舍，金石可镂。"

贝多芬说："涓滴之水终可以磨损大石，不是由于它力量强大，而是由于昼夜不舍的滴坠。"

这说的都是执着的力量。执着的人，永远不会被击倒，因为他们是人生的胜利者。

一天，70多岁的湖达·克鲁斯太太突然产生了登山的念头。人们都认为她疯了：那么大的年纪，不知道还能活几年，何必去冒险呢？

她没有理会别人的话，因为她认为，只要她想做的事情，就没有办不到的。

老太太开始学习登山了，她每天坚持锻炼，风雨无阻。不管锻炼有多苦、多累，她都没有放弃。最后她不仅成为了一名真正的登山队员，而且还在95岁的高龄登上了日本的富士山，打破了攀登此山的最高年龄纪录。

95岁的老太太尚可凭自己的执着登上富士山，那我们还有什么做不到呢？无独有偶，周润发也是用执着之心改写了自己的人生。

著名"影帝"周润发在从事影视行业以前，曾是美丽华酒店的服务生，干的就是替客人搬行李、擦车的活。

有一天，一辆豪华的劳斯莱斯轿车停在酒店门口，车主人吩咐一声："把车洗洗。"

周润发那时刚刚中学毕业，还没怎么见过世面，从未见过这么漂亮的车子，不免有几分惊喜。他边洗边欣赏这辆车，擦完后，忍不住拉开车门，想上去享受一番。

这时，正巧领班走了出来，对他训斥道："你在干什么？你知不知道自己的身份和位置？你这种人一辈子也不配坐劳斯莱斯！"

受辱的周润发从此发誓："这一辈子我不但要坐上劳斯莱斯，还要拥有自己的劳斯莱斯！"

周润发的决心是如此强烈，改变命运成为他人生的奋斗目标。许多年以后，当他红遍天下风光十足时，一连买了五部轿车！如果周润发也像领班一样认定自己的命运无法改变，那么，也许今天他还在替人擦车、搬行李，最多做一个领班。

执着是"语不惊人誓不休"的豪情，是"为伊消得人憔悴"的投入，是"十年磨一剑"的坚持。反之，人如果没有执着心态，就会在困难面前却步，就只能遭遇失败。

17岁的休斯做推销员时，他所有的亲戚朋友对此都非常反对，所以，他只好向陌生人去推销产品。可是他又害怕敲别人家门或跟陌生人谈论产品的时候被拒绝，因此他的工作一直无法取得进展。

直到有一天，休斯的经理找他，对他说："今天你跟我去推销。"

那天，他跟着经理一起下楼走到马路上，经理看到对面走来一个女孩，就告诉休斯："你看着，我要向她推销产品，一会儿就推销出去。"当时休斯吓了一大跳，不明白经理怎么会说出这种话。

他看到经理走过马路，开始向那个女孩推销产品，15分钟之后，经理把产品卖出去了。

休斯大为惊奇。于是，第二天他也想如法炮制。他走下楼，开始向陌生人推销。可是，当他向陌生人开口的时候，头脑里马上想到万一被拒绝怎么办，于是又打退堂鼓了。

后来休斯回到公司，找到一位同事，让他看自己推销。休斯对同事说："你看着，假如我无法向我找到的陌生人推销产品，我就回公司辞职。"

当休斯说完这句话的时候，他脑海里一片空白，根本不知道自己将如何推销。他和同事离开公司，然后他硬着头皮找人，找到后开始与陌生人交谈，他根本不知道自己说了什么，但是他告诉自己不能离开，他使出浑身解数向找到的那位陌生人推销产品，过了30分钟之后，不可思议的事情发生了：那个陌生人买了他的产品。

休斯发现，原来执着的力量这么大。此后，休斯的事业有了大发展。

相对世界来说，人的力量很渺小，但只要拥有了锲而不舍的执着精神，便没有不可征服的高峰。当然人的智力也很有限，但只要拥有了坚忍不拔的执着精神，便没有不可逾越的障碍。"行百里者半九十"，坚持到最后的才是胜者。

每个员工在工作中都要磨炼自己的意志，锤炼自己的毅力，为自己的工作谱写出执着最美的篇章。

🎧 世上无难事，只要有责任心

问题面前有两种员工：一种员工是一味退缩甚至放弃，总是说"我不行，我找不到好方法"；另一种员工是迎难而上，坚信如果有一千个问题，必定有一千零一个解决方法。后一种员工永远不会被问题难倒，他们总能找到最终的解决方法。

工作中，员工总会碰到各种各样看似无法解决的问题，这些问题就像"拦路虎"，挡住了前行的去路，但员工如果不怕困难，选择不放弃，就能解决问题，继续前行。

詹妮芙·帕克小姐是美国鼎鼎有名的女律师。她曾被自己的同行——老资格的律师马格雷先生愚弄过一次，但是，恰恰是这次愚弄使詹妮芙小姐名扬全美国。

事情是这样的：

一位名叫康妮的小姐被美国"全国汽车公司"制造的一辆卡车撞倒，司机踩了刹车，卡车把康妮小姐卷入车下，导致康妮小姐被迫截去了四肢，盆骨也被碾碎。康妮小姐说不清楚是自己在冰上滑倒摔入车下，还是被卡车卷入车下。马格雷先生则巧妙地利用了各种证据，推翻了当时几名目击者的证词，康妮小姐因此败诉。

绝望的康妮小姐向詹妮芙·帕克小姐求援，詹妮芙通过调查掌握了该汽车公司的产品近5年来发生的15次车祸——原因完全相同，该汽车的制动系统有问题，急刹车时，车子后部会打转，把受害者卷入车底。

詹妮芙对马格雷说："卡车制动装置有问题，你隐瞒了它。我希望汽车公司拿出200万美元来给那位姑娘，否则，我们将会提出控告。"

老奸巨猾的马格雷回答道："好吧，不过我明天要去伦敦，一个星期后回来，届时我们研究一下，做出适当的安排。"

一个星期后，马格雷没有露面。詹妮芙感到自己上当了，但又不知道为什么上当，当她的目光扫到了日历上时她恍然大悟——该案件的诉讼时效已经到期了。詹妮芙怒气冲冲地给马格雷打电话，马格雷在电话中得意扬扬地放声大笑："小姐，诉讼时效今天到期了，谁也不能控告我了！希望你下一次变得聪明些！"

詹妮芙几乎要气疯了，她问秘书："准备好这份案卷要多少时间？"

秘书回答："需要三四个小时。现在是下午一点钟，即使我们用最快的速度草拟好文件，再找到一家律师事务所，由他们草拟出一份新文件交到法院，那也来不及了。"

"时间！时间！该死的时间！"詹妮芙小姐急得在屋里团团转，突然，一道灵光在她的脑海中闪现："全国汽车公司"在美国各地都有分公司，为什么不把起诉地点往西移呢？隔一个时区就差一个小时啊！

位于太平洋上的夏威夷在西十区，与纽约时差整整5个小时！对，就在夏威夷起诉！

詹妮芙赢得了至关重要的几个小时，她以雄辩的事实、催人泪下的语言，使陪审团的成员们大为感动。陪审团一致裁决：康妮小姐胜诉，"全国汽车公司"赔偿康妮小姐600万美元！

像这个故事一样，员工在遇到工作困难时寻找解决问题的方法虽然并不容易，但方法总是有的。所以，作为员工，只要努力地思考，难题就会被攻克。员工应该坚持这样的原则：遇困难时努力找方法，而不是轻易放弃。

⋒ 责任心激发人的潜能

在追求品质的年代，越来越多的人都认可了一个新的观念，那就是做任何事情都要讲究方法和效益。但要想获得好方法和高效益，需要责任心激发人的潜能。

曾经有一段时间，美国各大新闻媒体竞相报道了这样一件事：一位名不见经传的青年，利用他的奇思妙想，创造性地解决了旧金山市政当局悬赏1000万美元久而未决的旧金山大桥堵车问题。

旧金山大桥堵车的情况十分严重，但是却迟迟没有得到解决。许多人不断抱怨。

据报道，该青年的成功主要得益于其掌握科学的研究方法和解决实际问题的能力。这名青年经过细心的观察和缜密的调查，发现了久而未决的旧金山大桥堵车问题不但具有集中于上下班高峰时段的时间性，而且还具有上班时段进城方向发生堵车和下班时段出城方向发生堵车的方向性特征，从而追根寻源找到了同时发生时间性和方向性特征堵车问题的根本原因是"市郊居民上下班的车流太大"。

最后他创造性地采用可改变"活动车道中间隔栏"的方法，巧妙地改变上班时段多增加"活动车道"，使进城方向四个车道变为六个车道，出城方向四个车道变为两个车道，下班则反其道而行之，使问题轻而易举地以最小的代价圆满地解决了。

这位青年解决交通问题的方法无疑是有效且代价相当小的。当记者采访他时，他说这是责任心的作用。人有了责任心，在面对问题时才能细心观察，不惧困难，激发潜能。

现今，很多人都喝过瓶装的啤酒或是汽水，那么撬瓶盖用什么呢？答案是开瓶器。

当开瓶器还没发明出来的时候，人们会花费很大的力气，比如，用钥匙撬、用牙咬、用桌脚磕，但依然很难打开瓶盖。而开瓶器只是一个小小的工具，却是今天人们开瓶盖的最好帮手，它能帮助人们轻而易举地打开瓶盖，但如果没有它，人即使花费很多努力，效果并不理想。

而开瓶器的发明让人们在开瓶时事半功倍，即在付出同等努力的情况下获得轻便的效果。

人在面对生活、工作时，拥有责任心非常重要，责任心会让人下决心克服困难，积极乐观，有信心完成每一件事。同时责任心还会提高人的大脑使用率，坚信一定有解决问题方法。而在工作中，有责任心的员工会坚持原则，不人云亦云，不迷失自我，能创造性地去工作。

任何创意的出现，并不都是上天赐予的，是人们责任在肩的结果。有了责任心，员工工作起来就会有干劲，思考问题就会有方法。有了责任心，员工就不会随意放弃责任，因为无论何时何地，责任会让员工努力工作，提高工作效率，产生创意和灵感，拥有无限潜能。

而没有责任心，员工就容易变得消极，做起事来心有杂念，前怕狼，后怕虎，因为想得太多，分散精力，工作上会出错，效率也不会高。

现在，聪明的员工应该知道责任心的力量了吧！

♬坚持"要事第一"原则

员工每天都会有很多的工作要做，有大事，有小事，有令人愉快的事，有令人心烦意乱的事。如果不能合理地安排时间，区别工作的缓急先后，工作效率就会打折扣。

员工应该找到工作中最重要、最关键的事情，先去做好它，而不是面对纷繁芜杂的工作，不知从何处下手，同时因小失大，让自己忙乱不堪。

有一个笑话，说的是一对馋嘴的夫妻一起分三个饼，你一个，我一个，最后还剩下一个，两人互不相让，于是决定从现在起都不说话，谁坚持的时间长，谁就得到最后的饼。

两人面对面坐下，果然都不开口。到了晚上，一个盗贼溜进屋里，看见夫妻俩，先是有点害怕，看到他们没有反应，就放心大胆地搜罗起财物来。

盗贼将家中稍微值钱点的东西一件一件地搬出门去，妻子心里虽然着急，看丈夫一动不动，便只好继续忍耐。

盗贼有恃无恐，干脆连最后一个米缸也搬走了，妻子再也坐不住了，高声叫喊起来，并恼怒地对丈夫说："你怎么这么傻啊！为了一个饼，眼看有贼也不理会。"谁知，丈夫高兴地跳了起来，拍着手笑道："啊，你终于开口讲话了，这个饼属于我了。"

在这个笑话中，这一对夫妇就是没有分清事情的轻重缓急，没有找到当前最重要的问题，结果因小失大，闹出了笑话。当两人打赌争饼时，遵守赌约、闭口无言是双方的主要问题。可是，当盗贼进屋盗窃财物时，联手赶走盗贼、保护家中财产则成为新的主要问题，赌饼约定已经不再重要。此时此刻，夫妇二人就应该抓住最主要的问题，齐心协力，抓住盗贼，保护财产。然而，夫妇二人因为牢记赌约，对盗贼不予理睬，让盗贼有了可乘之机，将财物盗走，从而丧失了抓贼的大好时机。为了一只饼失去了全部财产。

古人常说："射人先射马，擒贼先擒王。"想问题、办事情，就是应该牢牢抓住最主要的问题，不能主次不分，因小失大。在实际工作中，员工也必须弄清当时当地客观存在的最重要的问题是什么，从而采取正确的解决方法，以收到事半功倍的效果。

前英国首相撒切尔夫人对做事要抓住重点的道理有深刻的见解。有人问她："你在日理万机的情况下还能照顾好家庭，秘诀是什么？"她的回答是："把要做的事情按轻重缓急一条一条列出来，然后积极行动，做好之后，再一条一条删去就可以了！"

是的，员工每天都会有很多的工作要做，但是哪些工作才是你最重要的呢？不弄明白这个问题，会浪费许多精力，空耗许多时间，结果给你带来效率并不高的恶果，同时你还身心疲惫。

当然，所谓"重要事"，必须是出自你自己的想法、感觉，你认为什么对你是重要的就是重要的。在某种意义上，人生就是选择对自己最重要的事情，一个个攻克它，然后累积起来，逐步走向成功。

如果你不希望被纷繁芜杂的大小问题弄得手忙脚乱，你就必须学会合理地安排事务处理的次序，根据事情的"轻重缓急"，将自己的任务分成不同层次按序所为。下面我们分几个方面讲一下。

①重且急。这些事是最优先处理的，应当高度重视并且立即行动。

②重但缓。这些事可以稍后再做，但也要放进优先处理的行列中，一定不要无休止地拖延下去。

③急但轻。有些表面上看起来非常紧急的事务，往往会被错误地列入优先行列中去，使真正重要的工作被拖延。

④轻且缓。大量的工作是既不紧急也不重要的，人们却常常由于各种原因，本末倒置，在这些事情上耗费了不必要的时间和精力。

当你依照上述这个程序执行一段时间之后，你就会获得一定的成果，处理起事情或工作起来忙而不乱，有条有理。

人一天的时间有限，如果不能很好地安排做事顺序，这一天很快就会过去，如果能安排好，就能做到忙而不乱，效率也高。人的工作，是解决问题的过程，做到要事第一、合理安排，就会省去许多时间。

责任使"危机"化为"转机"

在中文里，"危机"这个词是由两个字组成的，"危"字的意思是"危险"，"机"字则可以理解为"机遇"。通常，保守、胆怯的人习惯性地只看到"危险"，而看不到"机遇"；而那些胆大心细、有责任心的人则善于把握机遇，能拨开危险的迷雾抓住机遇，而抓住机遇意味着离成功也就不远了。

无数的例子表明，危机之中蕴含着转机。如果人能够在危机中看到转机，你就能够把握更多的机遇。

美国"钢铁大王"安德鲁·卡内基就是这样一位杰出的代表。

卡内基曾是美国一钢铁公司的老板。他一直想有大的发展，比如，兼并一些大的钢铁公司，但一直未能如愿。后来，美国全国性的罢工越来越多，所有的钢铁企业包括卡内基的公司都受到强烈冲击。这对一般人来说，预示着"问题"来了。但聪明的卡内基却感到：机会来了。因此他采取积极措施，使公司尽快从罢工问题中解脱出来。

卡内基积累了处理罢工问题的经验，同时也积极储备资金。在此基础上，他密切注意各个竞争对手的情况，抓住机会，将这些处于罢工困境中的公司一家家兼并。卡内基公司最终获得了跨越式的发展，其钢铁在全国市场上的占有率从1/7一跃而为1/3，成为当时世界上最大的钢铁公司。

类似卡内基公司这样的经典案例在商战中并不少见，下面让我们看看柯达公司是如何在一场商战中打败富士公司的吧！

日本富士胶片公司在1984年的洛杉矶奥运会上，酝酿了一个打败头号竞争对手柯达公司的策略，即从这个最大的胶片制造商手中抢夺市场的计划。作为计划的一部分，富士公司投入数百万美元，获得了洛杉矶奥运会指定胶卷的资格。

柯达公司由于对奥运会的先期重视不够，并没有投入太大的人力物力。当他们发觉富士公司正以咄咄逼人的态势杀过来时，一切都木已成舟，为时晚矣。仅此一举，他们已被排斥在全球最重要的体育盛会之外，从而失去了极大的市场。公司决策者们束手无策，只有闭上眼睛默默等待对手的"进攻"了。

后来，在公司一位中层雇员的建议下，柯达公司找到了IMG（国际管理集团），请他们帮忙想一想"粉碎富士进攻"的策略和办法。

在许多已发生变化的环节中，IMG发现了最有趣的一点，即富士公司的"独占性"并没有包括洛杉矶奥运会的全阶段，他们只是"独占"了奥运会举办的那两周时间。

所以，IMG建议柯达公司将其宣传重点放在奥运会举办前那狂热的6个月中。

于是，柯达赞助了美国田径队，并聘用了一批有希望获得金牌的运动员为其宣传，还赞助了奥运会举办前的田径选拔赛，并在整个洛杉矶投放了大量柯达的出版物、电视广告片及广告海报。待奥运会来临时，许多运动营销专家甚至没有注意到富士公司，还以为是柯达公司赞助了这届奥运会呢！

柯达公司和IMG的高明之处就在于，用全新的创意把握住了变化中的机会。他们没有把目光局限于富士公司已经获得了奥运会指定胶卷资格这一不利的事件中，而是主动出击，将问题的突破口选在了奥运会举办前的6个月，从而化被动为主动，一举扭转了局势。

有这样一道题：给你一张报纸，然后重复这样的动作：对折，再对折，不停地循环下去。当你把这张报纸对折了51次的时候，你猜它所达到的厚度有多少？一个冰箱高度？两层楼高？这是你能想象的最大厚度吗？但是在计算机的模拟演算下，人们却得到了一个惊人的结果：这个厚度接近于地球到太阳之间的距离！

就是这样简简单单的动作，却制造了一个惊人的结果。为什么看似毫无分别的重复，能创造出这样的奇迹呢？换句话说，这种貌似"意外"的成功，根基何在？坚持，不放弃的结果。

秋千所荡到的高度与每一次加力是分不开的，任何一次偷懒都会降低人行动的高度，所以，责任能使工作加力，责任能化危机为转机。

立于忠诚
成于责任

第六章

责任感是事业成功的基石

　　责任感是一个人、一个企业、一个国家乃至整个人类文明的基石，一个人如果没有责任感，一定是一个碌碌无为、没有上进心的人。

　　在经济高度发展的今天，职场中的任何员工应牢记责任感，使命感，要不忘初心，才能取得事业上的成功。

○ 责任感之一：高度自觉，严格自律

所谓高度自觉、严格自律，体现的是一种责任意识，这不仅是工作中最重要的法则之一，也是最佳员工区别于一般员工的重要标志。

一个人如果凡事推一步才走一步，从不主动去想、主动去做、主动去学，那么一辈子也不可能敲开成功的大门。

我们先来看一则高度自觉、严格自律的案例。

在日内瓦举行的一次国际退役警员协会周年大会上，在英国警界服务了30多年的尼格尔·柏加荣获了"世界上最诚实警察"的荣誉称号。

尼格尔无论是在工作中，还是在生活上，都是一个严于律

己、高度自觉的人。有一次，他的母亲在公园散步时擅自摘取花朵作为帽饰，当他发现后，毫不留情地把母亲拘控。不过，罚款定了以后，他立刻替母亲交付那笔罚款。他解释说："她是我母亲，我爱她，但她犯了法，我有责任像拘控任何犯法的人一样拘控她……"

还有一次，尼格尔到英格兰风景如画的湖泊区度假，当他发现自己在限速30公里区域内以33公里的时速驾驶之后，便停下车给自己开了一张违例驾驶传票。他回忆道："由于当时见不到其他警员在场，无人抄牌，所以最简单的办法莫过于把车停在路旁，走下车来，写一张传票给自己。"

尼格尔是令人敬佩的，他用实际行动向大家诠释了高度自觉和严格自律是如何实现的。

一个成功的人固然离不开别人的监督与提醒，但更需要的是自己的监督。别人的监督可以帮助自己发现问题，自己的监督则是一个从自律到自觉行动的过程。当你在工作中能够像尼格尔那样自律并且自觉行动时，你一定是公司中不可替代的员工。

高度自觉、严格自律，是一种境界，也是一种追求。一名优秀的员工不仅要在工作中满怀激情、认真负责，还要善于律己，用自律搭建起自己的事业平台。

那么，如何提高自己的自觉自律能力呢？我们可以遵循以下几个步骤。

（1）正确地思考

正确地思考，可以帮助人们把事情做好。剧作家乔治·萧伯纳说："在一年之中有两到三次用心去思考问题的人不多。我之所以在世界上有点名声，就是因为我每周都认真思考一到两次。"

如果员工在工作中始终让大脑保持思考状态，并经常思考富有挑战性的问题以及需要认真对待的事情，就能培养起有规律的思维习惯和面对问题解决问题的能力，这对于工作极为有效。

（2）合理控制情绪

著名作家奥格·曼狄诺说："强者与弱者的唯一区别在于，强者用行为控制情绪，而弱者只会任由情绪主宰自己的行为。"衡量一个人自制力强弱的关键，就在于他是否能够有效地控制自己的情绪。

（3）行为规范化

富兰克林在《我的自传》中，将行为规范化称为自己能获取成功的13种美德之一，他认为自己之所以能够取得如此骄人的成就，主要获益于"做事有定时、置物有定位"的良好习惯。所以，员工如果在工作中能做到行为规范化，无论工作难易，都会使自己的工作井井有条。

从现在开始，做到高度自觉，严格自律，你将成为公司中最优秀的员工。

🎧 高效复命是责任感的最高体现

"复命"，顾名思义就是回复命令的意思，即对待命令，不管自己完成与否，都要在规定的时间里向上级汇报。而不懂复命是职场大忌。

我们先来看一则因为没有及时正确地复命而造成严重后果的案例。

经理希勒命巴克将公司新开发的产品推荐给某客户公司业务部副总经理，并嘱咐他一定要亲自见到这位叫特里的副总并与他洽谈业务。这项业务是公司本季度的主攻项目，公司上下都很重视。巴克不敢怠慢，接到命令后即刻出发去了这家公司。

巴克在路上不断琢磨着经理的话，心想谈业务直接找他们总经理不是更好吗，为什么非要找副总经理？他越想越觉得不合逻辑，甚至认为经理有可能是过于重视这件事，结果一着急把话说错了。他这样想着便来到了这家公司，经过打听后找到了业务部。

巴克敲了敲门，只听里面有人说道："进来。"巴克推门进去，见办公室里只有一个中年男子，他正在收拾一些东西。

巴克很有礼貌地问道："请问特里先生在吗？"这人看了看巴克说道："他不在，有什么事跟我说吧，我是总经理。"

巴克想起经理的话，本想问一下特里什么时候能回来，但转念一想，既然总经理在这里，跟他说还不是一样，何必再等那位副总经理呢？

于是巴克向这位总经理说明了来意，并开始洽谈有关公司新产品的问题。没想到事情竟出奇的顺利，总经理听完巴克的介绍后，经过简短的交谈，便立刻同意合作了。

巴克十分惊喜，连连感谢后便回到公司简单地向希勒"交了差"，只说任务成功完成，对没有见到副总的事只字未提。

希勒没想到此次项目进展得如此顺利，也感到很高兴，还夸奖了巴克一番。几天后，公司领导打电话给这家客户公司，问什么时候可以签订关于新产品的合作意向书。没想到对方回答不知情，并说没有与他们公司达成过什么协议。公司领导立刻询问希勒到底是怎么回事。

希勒感到非常奇怪，赶紧去问巴克。巴克也很奇怪，说自己与他们业务部总经理说好了，他当时已经同意合作了，不知为什么现在又否认这件事。

希勒听后大吃一惊，生气地问巴克："我不是让你去找副总经理吗？你为什么不找他？"巴克很委屈，辩解说当时办公室中只有总经理在，自己觉得找总经理也一样，于是便跟他谈了。

希勒一听更加生气了，大声说道："你知道什么！那个总经理已经被撤职，马上就要离开公司，接替他位置的是特里，我事先得到消息才让你去找特里的。"巴克这才知道由于自己没有执行希勒的命令，同时又没有能及时正确报告自己的工作，而给公司造成了麻烦，巴克后悔莫及。

巴克的错误启示我们：作为执行者，应该服从命令并随时复命，和上级保持联系，而不能自作主张。

每一名员工都肩负着一定的职责，而所有员工、所有职责汇集起来，就构成了集体的责任。任何一个岗位的疏忽和延误，都不可小视。"千里之堤，毁于蚁穴。"在企业中，许多大问题的爆发，都是一些小问题累积的结果。而服从命令，高效复命，能让人们及时发现潜伏着的危机和问题，并在第一时间内做出反应。

不执行命令，或逃避复命、低效复命，就会使一些小的隐患发生质变，最终造成无法估量的损失。因此，员工对待上级交给的命令，一定要坚决执行，保证完成任务并及时复命，这本身就代表了责任。员工如果失去了责任意识与复命精神，就会给工作带来损失，影响自身的职业发展。

⊙ 在有限的时间里做更多的事

时间管理是现代职场人必备的一项工作技能，是有高度责任心的体现，也是提高一个人工作效率最有效的武器。一个人工作是否有效率，是否能够圆满完成任务让领导满意，在很大程度上取决于他是否能够合理地管理和利用好自己的时间，在最少的时间内做好更多的事。

美国一家权威机构曾对2000名职业经理人做了调查研究，结果发现凡是成绩优异的经理人都可以非常合理地利用时间，让工作效率最大化。

美国著名保险推销员弗兰克·贝格特自创了"一分钟法则"，他要求客户给予他一分钟的时间，让他介绍自己的服务项目。一分钟一到，他便自动停止自己的话题，并谢谢对方给予他一分钟的时间。由于他遵守自己的"一分钟法则"，所以他的工作效率很高，取得了出色的业绩。

某公司的老板为了提高会议的质量买了一个闹钟，开会时每个人只准发言8分钟，这个措施不但使会议更有效率，也让员工分外珍惜开会的时间，把握发言时间。

时间对于每个人来讲都是公平的。一个人要想在自己的工作中取得良好的成绩，按时保质地完成任务，就应当充分利用每一分钟的价值，做好自己的时间管理。

董林是一家顾问公司的业务经理，一年大约能够接下100个案子，因此有很多时间是在飞机上度过的。她认为和客户维持良好的关系非常重要，所以她常常利用在飞机上的时间写短签给客户。

一次，一位同机的旅客在等候提领行李时和她攀谈起来："我早就在飞机上注意到你，在2小时48分钟的航程里，你一直在写短签，我敢说你的老板一定以你为荣。"董林笑着说："我只是有效利用时间，不想让时间白白浪费而已。"

像董林一样，成功的职场人士，都是有效利用时间、珍惜时间的人，他们使每一分钟都具有价值。这样的人是珍惜时间的人，是高效率的人，当然，这样的人绝不会将一大堆的工作问题留给领导处理。

也许有人会说，时间管理只是一种形式而已，再怎么管理，不就是24小时吗？这是对时间管理的一种误解。时间管理主要是通过不同的工作方法，避免不必要的时间浪费，从而提高时间利用率。当时间利用率提高了，人每天能做的事情就会多了。

某部门主管因患心脏病，遵照医生嘱咐每天只上班三四个小时。但后来他惊奇地发现，这三四个小时他所做的事在质和量方面与以往每天花费八九个小时所做的事几乎没有两样。原来他引入了时间管理方法，每天先列出主次急缓工作，然后提高效率。所以尽管他的工作时间缩短了，却做出最合理有效的时间安排，这是他得以提高工作效能的主要原因。

由此可见，做好时间管理，合理利用时间，是提高工作效率、提升工作价值的重要方法。那么，员工应当怎样管理好自己的时间，使自己把工作做得更好呢？

（1）把握时机

机不可失，时不再来，抓紧时间，可以创造机会。不能把握机会的人，往往都是任时间流逝的人。很多时候，机会对每一个人都是均等的，行动快的人会得到它，行动慢的人会错过它。所以，要抓住机会，就必须与时间竞争。

（2）合理安排好时间

现今，许多人整天"两眼一睁，忙到熄灯"，可还是感到时间紧迫，不够用。他们精疲力竭，来去匆匆，却总是不能从容自如，甚至不能按期交付工作。员工要想得到提升，就必须学会合理安排时间，这对促进工作极为有效。

（3）用好零碎的时间

争取时间的重要方法之一还有：善用零碎的时间。

用零碎时间来处理零碎的工作，从而最大限度地提高工作效率。比如在车上或在等待时，可将这一段时间用于学习，用于思考，用于简短地计划下一个行动等。人充分利用零碎时间，短期内也许没有什么明显的感觉，但经年累月，将会有惊人的成效。

（4）利用好"神奇的3小时"

被人们称为"时间管理大师"的哈林·史密斯曾经提出过"神奇的3小时"的概念，他鼓励人们早睡早起，每天早上5点起床，这样可以比别人更早开始新的一天，在时间上就能跑到别人的前面。

利用每天早上5~8点的"神奇的3小时"，你可不受任何人和事干扰地做一些自己想做的事。每天早起3小时就是在与时间竞赛，而养成早起的习惯，人会受益无穷。

（5）让时间增效

人们不论干什么事情，都要讲求效率，效率高者事半功倍，反之，则事倍功半。

哈林·史密斯认为提高时间利用率、让时间增效是做好时间管理的重要方法。他说："工作中，经过不断地失败，我逐步地发现，如何在同样的时间内做更多的事情，这是值得每一位希望有效管理时间的人认真思考的问题，因为只有这样才能使自己获得更多的时间，也才能遇上更多的机遇。"

员工要想在自己的工作中取得良好的成绩，按时保质地完成任务，就应当充分利用每一分钟的价值，所以，做好自己的时间管理很重要。

♠ 制订有效的工作计划表

在工作中，员工要充分认识到做出合理计划的重要性。工作有目标和计划，做起事来才能有条理，时间才会变得很充足，而制订有效的工作计划表，可以让自己从容地应对众多工作任务，办事效率也会提高。

员工正确地处理工作忙乱的问题，需要做事前有计划和有目标，这样就可以把所要做的事情排出一个顺序，重要的放在前面，依次为之，并把它记在一张纸上，使之成顺序表。每天依此，就会养成良好习惯，以后再做每件事，就可以从容不迫了。

罗斯福总统是一个注重计划的人。他会随时把他所该做的事都记下来，然后拟定一个计划表，规定自己在某时间内做某事。

如此，他按时做各项事。通过他的办公日程表可以看出，从上午9点钟与夫人在白宫草地上散步起，至晚上招待客人吃饭等为止，整整一天他总是有事做的。当他该睡觉的时候，因为该做的事都做了，所以他能完全丢弃心中的一切忧虑和思考，放心地睡觉。

细心计划自己的工作，这是罗斯福办事高效的秘诀。每当一项工作来临时，他便先计划需要多少时间，然后写在他的日程表里。他能够把重要的事很早地安排在他的办事程序表里，所以他每天能够把许多事在预定的时间之内做完。

在制订工作计划的时候，必须考虑计划的弹性。不能将计划制订在能力所能达到的100%，而应该制订在能力所能达到的80%，这是工作性质决定的。因为人每天都会遇到一些意想不到的情况，以及上司交办的临时任务。如果你每天制订的计划都是100%，那么，在你完成临时任务时，就必然会打乱你业已制订好的工作计划，原计划就不得不延期了。久而久之，你的计划失去了严谨性，你的上司也会认为你不是一个能干的员工。

有员工会说，我的每一项工作都很重要，但即使这样，也需要将工作分类。分类的原则主要包括轻重缓急的原则、相关性原则、工作属地相同原则。

此外，工作中有很多中间环节，需要彼此协调。有的员工在做某项工作时往往只偏重于自己本身所应完成的职责，将工作传递到相关工作部门之后便听之任之了。更有些员工缺乏与同事配合的意识，把早已经办好的工作，不能及时地交给下一道工序的人员，使工作尽早完成，而是压在自己手中，迟迟不交，直到最后才慢吞吞地交出来，造成后面员工的工作压力，也影响工作的按时完成。而有些工作在检查结果的时候，所在的中间环节又各自抱怨给予他们的时间太短了，或者是某个中间环节耽误的时间太长了，等等。而工作结果只有一个，那就是没有按期保质完成工作，业绩等级被打了折扣。

古人云："事有先后，做有缓急。"分清事情的轻重缓急，不但做起事来井井有条，完成后的效果也是不同凡响。次序处理好了，不但能够节约时间、提高效率，更重要的是能给自己减少许多不必要的麻烦。

🎧 勤奋是履行责任的必备品质

唐代诗人韩愈说过："业精于勤荒于嬉，行成于思毁于随。"著名数学家华罗庚也说："勤能补拙是良训，一分辛劳一分才。"可见，勤奋在成功的天平上砝码也很重。职场中勤奋的员工往往更能得到老板的赏识，也就有了更多升职、加薪的机会。

员工只有做到勤奋，才能在工作中取得主动，才能超越自己，获得不平凡的人生轨迹，获得应得的荣誉。古罗马有两座圣殿：一座是勤奋的圣殿，另一座是荣誉的圣殿。他们在安排座位时有一个次序，就是必须经过前者，才能达到后者。勤奋是通往荣誉的必经之路，那些试图绕过勤奋，走捷径寻找荣誉的人，总是被荣誉拒之门外。

靠勤奋工作而成功的大发明家爱迪生说：99％的汗水加1％的灵感等于成功。可见，没有勤奋努力做基础，即便人有再好的天赋和再出众的能力也是无济于事的。

在一个公司里，并不是具有杰出才能的人就容易得到提升，因为杰出才能只是一个方面，而出色的业绩是勤奋刻苦、坚持不懈并有良好技能的人才能取得的。公司的管理者总是把勤奋刻苦、勇往直前作为对员工的最好教育。

工作中，许多员工会有很好的想法，但只有那些在艰苦探索的过程中付出辛勤劳动的人，才有可能取得令人瞩目的成就。同样，公司的正常运转需要每一位员工付出努力，而勤奋刻苦在这个时候显得尤其重要，所以说，勤奋工作的态度会为人的发展铺平道路。

勤奋刻苦是一所高贵的学校，所有想有所成就的人都必须进入其中，在那里可以学到有用的知识，而独立的精神和坚韧不拔的习惯也会在里面得到培养。其实，勤劳本身就是财富，如果你再是一个肯干、刻苦的员工，就会像蜜蜂一样，采的花越多，酿的蜜也越多，你享受到的甜美也越多。

实干并且坚持下去是对勤奋刻苦的最好注解。要做一个好的员工，就要像石匠一样，一次次地挥舞铁锤，努力把石头劈开。也许100次的努力和辛勤的捶打都不会有什么明显的结果，但最后的一击终会使石头裂开的。而成功的那一刻，正是你前面不停地刻苦努力的结果。因此，为了取得更好、更大的工作成就，作为员工，你必须不断地奋斗，而勤奋刻苦地工作尤其必要。所以，如果你是有志于工作的人，每天都应该问自己："我今天勤奋了吗？"

勤奋敬业的精神是走向成功的坚实基础，因为它像是一个助推器，会把人推到成绩面前，推到老板面前。所以，如果有一天你得到了升迁，你应该自豪地对自己说："这是我刻苦努力、勇往直前的结果。"

与之相反，懒惰是成功的天敌。很多人"混工作"，认为自己能完成多少就完成多少，或认为工作不过是谋生的手段，是给"老板"干的。这些想法都是不对的。员工不努力，不勤奋，不以自己的实干达到成功的目标，就不是一个合格的员工，有责任的员工。

"一勤天下无难事"。人在年轻时，就要培养成"勤勉努力"的习惯，这种无形的财产和力量将会成为人终生受用的法宝。

∩ 比第一名更努力

企业内员工应自觉自愿地工作，那些认为唯命是从、毕恭毕敬甚至以曲意逢迎来换取企业、领导赏识的人，终归会被企业淘汰。

在市场竞争如此激烈的今天，企业领导首先要考虑的是企业的生存与发展，被员工吹捧再"舒服"也比不上企业利润的增长，倘若企业中都是不思进取想投机取巧的员工，那么，企业离垮台也就不远了。因此，企业、领导最赏识的员工，一定是那些努力让企业赚钱的员工。

在美国，有一个卖汽车的业务员总是在他们公司销售成绩排名第一，有人问他："你为什么总是第一名？"

他回答说："因为我每个月都设法比第二名多卖一台车子。"

这么简单的一个方法，这么简单的一句回答，告诉了我们一个简单的成功道理——永远要比第一名更努力。

是的，"努力"这两个字听起来好像令人不很愿意去做，但是人不能回避这两个字，因为成功需要努力。

看看这个世界上的成功人士，他们努不努力？世界巨富比尔·盖茨和他一起工作的人说他简直是工作狂。在他刚刚创立微软公司的时候，他总是亲自去大公司销售软件，6年之后才慢慢将销售的工作授权出去，然而只要他发表新产品，仍保留亲自巡回全世界去销售的做法。

成功人士尚且努力，我们更要尽早放弃那种成功不需要努力的想法。请你努力做一切能帮你成功的事！努力去寻找成功的方法，努力去阅读与成功相关的资讯，努力将思想变为行动！因为，你要比你的竞争对手还要努力，比任何人都努力。

比第一名更努力，不仅会取得好业绩，还能成为领导心中最优秀的员工。

好员工要在工作中摆正自己的心态，好员工应该以成为行业中的最顶尖人物为目标。所以，只要你成为你的行业中最顶尖的那一位，你一定会成功。

伟大的成功和辛勤的劳动是成正比的，有一分劳动就有一分收获，任何优秀的员工，干工作都是日积月累，从少到多，一步步创造出奇迹的。

员工干工作，如果任何事情都需要领导事无巨细地安排或者一起去做，那么领导将会被"累死"。但领导也难免会有安排不周或考虑不周的时候，这时如果你能审时度势正确处理，你就会获得领导的赏识。

员工主动去考虑领导没有交代的事情，并与领导沟通，最终努力把工作做好，或在做工作过程中发现问题，及时沟通，也能提升自己在领导心目中的位置，调升到更高的职位，获得更大的成功。

现代职场，"听命行事"的工作作风仅仅是一种工作态度，而主动进取、自动自发工作的员工将备受青睐。因此，只要做工作，就应立刻采取行动，马上去做，而不必去等，同时要努力去做，争取做到第一名。

从华中理工大学少年班走出的李一男就是个典型的例子。

1993年，李一男进入华为公司，十几天后即被提升为主任工程师，一年后被任命为总工程师，27岁即被提拔为华为公司最年轻、最受倚重的副总裁。是什么原因让他创造了如此快速的升迁奇迹呢？原来他不但对技术的发展趋势非常敏感，而且总能够给总裁任正非提供许多前瞻性的建议，并在工作中发现问题时也能与总裁及时沟通，总能提前为所开发的技术项目解决难题。当一个产品在市场上取得成功后，不等总裁吩咐，李一男已经在着手开发下一代产品了。

不用安排就会干活，这主要体现的是一种工作的主动性。主动工作是优秀员工必备的品质，也就是说他们自动自发去工作，而不用别人不停地催。

那么，如何才能做到主动工作呢？

首先，主动找工作干。优秀的员工每当完成一项工作后，总会对自己所做的工作进行一番检查：工作是否达到预期目标？还需要补充什么？这样做会使自己的工作能力得到提高。

其次，不做被动等待之人。很多人习惯"等待上司命令"，这会让人从思想上缺乏工作积极性并降低工作效率，也就注定了平庸的结局。

最后，主动承担起自己职责范围以外的工作任务。这会让你更容易获得机会的眷顾，并最终成就卓越。

工作中，最高领导和主管不可能事无巨细地将工作过程讲述给你，或与你一起工作，如果你持有"这件事没有交代给我，我就不需要做"的想法，你就失去了许多机会。相反，学会主动工作，不仅锻炼了自己，为自己积蓄了力量，更重要的是增加了实现自我价值的机会。

所以，争做第一名，这不仅是说说，更要去做，并在做中不断克服困难，挑战自我，取得成功。

⚫ 让自己融入团队

职场中，有不少人始终找不到自己的位置，不能把自己融入到团队中，在面对高难度工作时孤立无援。作为一名团队中的个体，员工必须把自己融入到整个团队之中，凭借集体的力量，把个人不能完成的棘手的任务通过团结协作顺利完成。

在今天这个时代，许多企业的老板越来越重视具有团队意识的员工。他们说："我们愈来愈迫切需要更多具有团队精神的员工来提高我们的士气。"

一家有影响的公司招聘高层管理人员，9名优秀应聘者经过初试，从上百人中脱颖而出，闯进了由公司老总亲自把关的复试。

老总看过这9个人的详细资料和初试成绩后，相当满意。因为此次招聘只能录取3个人，所以，老总给9个人出了最后一道题。

老总把这9个人随机分成甲、乙、丙三组，指定甲组的3个人去调查本市婴儿用品市场，乙组的3个人调查妇女用品市场，丙组的3个人调查老年人用品市场。老总解释说："我们录取的人是负责开发市场的，所以，你们必须对市场具有敏锐的观察力。让大家调查这些行业，是想看看大家对一个新行业的适应能力。每个小组的成员务必全力以赴！"

9人临走的时候，老总补充道："为避免大家盲目开展调查，我已经叫秘书准备了一份相关行业的资料，走的时候自己到秘书那里去取。"

2天后，9个人都把自己的市场分析报告送到了老总那里。老总看完后，站起身来，走向丙组的3个人，与之一一握手，并祝贺道："恭喜3位，你们已经被本公司录取了！"然后，老总看着另两组人疑惑的表情，呵呵一笑，说："请大家打开我叫秘书给你们的资料，互相看看。"

原来，每个人得到的资料都不一样，甲组的3个人得到的分别是本市婴儿用品市场的分析，其他两组的也类似。老总说："丙组的3个人很聪明，互相借用了对方的资料，补全了自己的分析报告。而甲、乙两组的6个人却分别行事，抛开队友，自己做自己的。我出这样一个题目，其实最主要的目的，是想看看大家的团队合作意识。甲、乙两组失败的原因在于，你们没有合作，忽视了队友的存在！而团队合作精神是现代企业成功的保障！"

"就招聘员工而言，我们有一套很严格的标准，最重要的标准是看团队精神。"微软中国研究院的张湘辉博士说，"如果一个人是天才，但其团队精神比较差，这样的人我们不要。中国IT业有很多年轻聪明的人才，但团队精神不够，所以每个简单的程序都能编得很好，但编大型程序就不行了。微软开发Windows时有500名工程师奋斗了2年，有5000万行编码。软件开发需要协调不同类型、不同性格的人员共同奋斗，而缺乏合作精神的人是难以成功的。"

一位人力资源专家指出："现代年轻人在职场中普遍表现出来的自负，使他们在融入工作环境方面显得缓慢和困难。他们缺乏团队合作精神，项目都是自己做，不愿和同事一起想办法，每个人都会做出不同的结果，最后对公司一点儿用也没有。"

对企业而言，一个人的成功不是真正的成功，团队的成功才是真正的成功。

有些人认为自己聪明，别人都不如自己，工作中他们看不上队友，觉得队友笨，就觉得企业离不开自己，目中无人，高高在上，骄傲的不得了，实际上这种盲目的自大只能导致自己失败，因为任何事情的成功都离不开他人的帮助。

个人主义在职场上是根本行不通的，作为职场中的个体，有些人可能会凭借自己的才能取得一定的成绩，但绝不会取得更大的成功。但如果善于合作，把自己融入到整个团队中，依靠集体的力量，就能把个人所不能完成的工作任务完成。所以，一个人在工作中获得成功的捷径，就是要善于同别人合作，让自己进入团队中合适的位置，与他人一道为企业发展做出贡献。

◐ 有责任心还要下"笨工夫"

方法是人们解决问题的一种智慧、一种路径、一种技巧，但这并不意味着我们掌握了正确的方法之后就可以投机取巧、偷工减料。要解决好现实工作中的问题，我们还应当下苦工夫、"笨工夫"。

著名作家胡适先生说过这样一句话："聪明人更要下苦工夫。"那些在事业中取得巨大成功的人无不是既懂得积极思考、把握正确的做事原则和方向，又肯下苦工夫、踏实勤奋的人。

毫无疑问，比尔·盖茨是信息时代最聪明的人之一：他抓住了这个时代的发展潮流，选择软件行业进行创业，而且擅长与资本市场结合，凡此种种，都说明他是一个智力超群的人。那么，他是怎样变得如此聪明的呢？

这里有一个比尔·盖茨年轻时的故事：

在比尔·盖茨读中学时，有一次，老师布置了一篇作文，规定要写5页，比尔竟然写了30多页。还有一次，老师让同学们写一篇不超过20页的故事，比尔竟洋洋洒洒写了100多页，让老师和同学们目瞪口呆。

这个故事告诉我们，那些头脑聪明、具有过人天赋的人，要想取得事业上的成功，不仅要靠精明的头脑和过人的智慧，还要有踏实勤奋、吃苦耐劳的品质。有时候，最"笨"的方法常常是最有效的方法。

台湾巨富王永庆以木材起家，因塑胶而发迹。他早年的木材生意，都是向林务局的林场购原木，简单加工后，再转售出去。那些待标售的原木，为了避免因干燥而龟裂，全都浸泡在大水池里面。

当时木材商向林务局标购原木的做法是：先用长竹竿在水池中探测原木的数量，再用肉眼观察原木的品质，然后写出价格向林场投标，最后由最高价者得标。

因为大部分的原木都浸泡在水里面，光用竹竿评估数量，经常造成很大的偏差，因而标购水池里的原木风险很大，近乎一场"赌博"。

有一次，王永庆向林场投标原木，出乎同行意料的是，王永庆所报的价格虽然高出别人甚多，可还是因购得那一池原木而赚了不少钱。同行都大惑不解：他到底用什么方法，能够把原木的数量算得那么准确？

原来王水庆在招标截止的前一天晚上，悄悄地跳入水池中（潜入浸泡原木的水池中极为危险），花了一晚上的时间，把水池里原木的数量点得一清二楚，所以，第二天他不仅能报出合理的价格，而且还大赚一票。

人们说："王老板（指王永庆）追根究底的功夫，真让人钦佩，这是王老板经营企业最成功之处。"

无论是企业还是个人，投机取巧也许能让你获得一时的便利，但却埋下许多不可逆的隐患。所以，从长远来看，投机取巧是有百害而无一利的。

有些人本来是有才华与能力的，也是很有前途的，但是由于没有养成踏实求真的好习惯，在工作中自然无法取得应有的成绩。而一个人一旦养成投机取巧的习惯，品格就会大打折扣，在做事做人方面就会表现出不够忠实的一面。生活中的各种实例均生动地证明了这样一个道理：无论事情大小，如果总是试图投机取巧，可能表面上看来会节约一些时间和精力，但最终结果往往是浪费更多的时间、精力和钱财。

在一家跨国公司的招聘启事上有这样一句话："如果你是聪明且诚实的人，请留下来，我们会给你成功的机会；如果你聪明但缺少诚信，那么请走开，这里绝不会为你留下半点的空间。"所以说，不下"笨工夫"，试图绕过勤奋，寻找捷径的人，总是被排斥在荣誉的大门之外。

工作中绝不能投机取巧，但这并不意味着不去寻找工作中的技巧。无论多么复杂多变的工作，总会有一定的技巧在里面，而从实际出发去有效地解决问题，是一个聪明员工的标志。大凡有所作为之员工，都是那些认真对待问题、巧妙处理问题、工作有方法的人。

技巧是成功的手段，而投机取巧只是在注定失败的工作中取得了暂时的胜利而已，两者的区别，从长远来看，不言而喻。

所以，有责任心的人还是要下"笨工夫"，因为实干是员工取得成绩的基础。

∩ 要会在"蛋糕"上"裱花"

　　台湾作家黄明坚有一个形象的比喻："做完蛋糕要记得裱花。有很多做好的蛋糕，因为看起来不够漂亮，所以卖不出去。但是在上面涂满奶油，裱上美丽的花朵，人们自然就会来买。"

　　员工做工作也是一样，应随时报告自己的工作进展，如同在自己做的"蛋糕"上"裱花"，让同事、领导为你喝彩。

　　工作中，有的员工完全称得上尽职尽责，有时他们为了核对一个数据，不惜夜以继日，将白天做的工作重新计算一遍，以确保准确无误。还有的人，为了让工作更完美，加班加点，星期日也不在话下。但是，你做的这些事领导知道吗？同事知道吗？领导、同事知不知道你到底多花了多少心思，做了多少额外的工作呢?

相反,有的员工,论业务熟悉程度也许稍差,但其工作的积极性很高,不仅在工作中虚心向他人请教,而且经常就工作中一些可改进的地方向上级提出自己的合理化建议。在工作空闲阶段,只要看到其他同事忙得不亦乐乎,他也会主动伸出援手,或者自觉找到领导,要求承担额外工作。此外,如果有可能,他还会定期向部门经理汇报最近一段时间在工作上取得的收获和遇到的困惑,这样一方面有助于更好地开展工作,另一方面也能使领导了解他的实际工作量和工作业绩。

所以,工作中常有这样的情况:有的人做了很多,但升迁、涨薪的往往不是他;有的人虽然做得不是很多,却常常得到领导的赞赏、同事的羡慕,加薪、升迁等好事随之而来……

那么,员工如何为工作"裱花",让同事看到你所做的,让领导关注你呢?

聪明的员工会主动寻求良机与领导沟通,在恰当的时候呈上自己工作的"捷报"。而要做到在工作中"捷报频传",必须具备"三心"。

所谓"三心"就是耐心、恒心和决心。任何事情都不是一蹴而就的，因此，在工作中要做到不计较个人得失，勇于吃苦耐劳，踏实肯干。不可只凭一时的热情、3分钟的热度来工作；也不能在情绪低落时马马虎虎、应付了事。如若这样，领导会认为有这种表现的下属是靠不住的。当领导命令你做一件事的时候，一定要坚持到底，绝不可中途打"退堂鼓"，再苦再累都要尽心尽力把它完成好，这样你在领导心中的印象才会有很大的提高。

同时要学会巧干，做事讲求效率。虽然有时你在工作中踏实苦干，但是本来需要1个小时就能完成的工作，你却干了3个小时甚至更长时间，这同样也不会让领导对你有好感。对待工作，领导往往不看重你"撒"了多少次"网"，看的关键是你的"网"中有没有"鱼"，有多少"鱼"。现今，许多企业提倡勤恳恳工作的敬业精神，但并不是不要求工作的效率和方法。苦干是领导喜欢看到的，但领导更喜欢巧干、高效率干事的员工。

员工在埋头苦干的同时，切记不要做个"闷葫芦"，这会影响工作及个人的前途。好员工会经常向领导汇报工作进展，及时沟通工作问题，并与同事融洽合作，把自己的表现"说出来"。因为领导有时是看不到你为了更好地完成某项任务而加班加点工作的身影的。

有些员工只顾埋头工作，完成后一交了事，与领导的交流很少，对自己为了完成这项任务所付出的种种努力，也全都闷在心里。我们赞成这种做法，但更赞成把"功"说出来。因为如果你不主动向领导说明，同事若在领导面前也不提及你的情况，你所付出的精力和汗水领导就可能看不见。所以，员工不但要会干，还要"会说"，让领导知道你背后付出的努力和艰辛，让领导感到你的确是一个勤奋敬业的好员工。

⚡ 做会思考、勤于思考的员工

思考是通往问题解决的必由之路。面临问题，如果你不能积极思考，将之妥善解决，那么，问题就会成为你工作的负担，这不只是你本人的不幸，更是企业的不幸。

在IBM管理人员的桌上摆着一块金属板，上面写着"Think"（想）。这个字，是IBM创始人华特森提出的。

有一天，寒风刺骨、阴雨连绵，华特森一大早就主持了一场销售会议。会议一直进行到下午，气氛沉闷，无人发言，大家开始显得焦躁不安。

这时，华特森在黑板上写了一个很大的"Think"（思考），然后对大家说："我们共同缺乏的，是对每一个问题充分思考的精神，别忘了，我们都是靠脑力劳动赚得薪水的。"

从此，"Think"（思考）成了华特森和公司的座右铭。

无独有偶，著名的微软公司也十分重视思考的价值。微软公司的创始人比尔·盖茨曾多次说道："如果把我们公司顶尖的20个人才挖走，那么微软就会变成一家无足轻重的公司。"

微软的最高管理层研究院的核心团队大约由十几个人组成。他们管理关键产品，组织非正式的监督组来评估每个人的工作。许多在各项目工作的高级技术人员，组成了研究院的外围团队。其中一些人还是公司的元老，从微软建立之初便一直在这里工作。微软公司就是靠这些出类拔萃的人物和合理的管理制度，在竞争中走向成功的。

思考让IBM、微软这些公司成为行业的领导者。有人调查过很多企业的成功人士，从他们身上发现了一个共同的规律：最优秀的人，往往是最重视思考的人。他们相信凡事都会有方法解决，而且总有更好的方法。

作为华人首富，李嘉诚的名字可谓家喻户晓。他之所以能成为首富，也并非没有规律可循：从打工的时候起，他就是一个善于思考并能解决问题的高手。

有一次，李嘉诚去推销一种塑料洒水器，连走了好几家公司都无人问津。一上午过去了，他一点儿收获都没有，如果下午还是毫无进展，回去将无法向老板交代。

尽管刚开始进行得不太顺利，但是他仍然不断地鼓励自己，他精神抖擞地走进了另一栋办公楼。当他看到楼道中的灰尘很多时，突然灵机一动，他没有直接去推销产品，而是去洗手间往洒水器里装了一些水，将水洒在楼道里。经他这么一洒，原来很脏的楼道，一下子变得干净起来。这一来，立即引起了有关工作人员的兴趣，一个下午，他就卖掉了十多台洒水器。

在做推销员的过程中，李嘉诚十分注重思考、分析和总结自己的推销工作。他将销售地区划分成几个片区，对各片区的人员结构进行分析，了解哪一个片区的潜在客户最多，然后抽出大部分的时间专攻这些地区。短短一年下来，李嘉诚一个人的业务量比公司所有的推销员业务量的总和还多。

三菱经济研究所的所长町田一郎曾说："现代社会是用头脑思考而不是凭体力决胜负的时代。"

有些员工会说："我太忙了，没有考虑的时间！"也有些员工会说："以前的人也都是这么做的啊！"这些员工其实并不是没时间思考，而是找借口逃避思考，同时，他们不懂思考的意义和重要性。

我们都知道，一个好的创意，可以让一个濒临破产的企业起死回生，也可以让一个名不见经传的公司名声大噪，更能让一个成功的企业扩大战果，再创辉煌。所以，重视员工思考能力的培养，将是否善于思考当成衡量一个员工能否晋升的重要标准，是企业中发展最应做的事。一个不会在工作中主动思考的员工是无法做好自己的本职工作的，当然，他也就无法跨入优秀员工的行列，难以得到企业的器重。

⋒ 永远拥有强者心态

　　强者心态，是一种面对困难时的坚强心态，是一种有高度责任心的表现，是一种面对困境时的临危不乱、不达目的誓不罢休的坚韧品格，强者心态是职场人士必须具备的一种心态。

　　在1995年的第67届奥斯卡金像奖最佳影片的角逐中，影片《阿甘正传》一举获得最佳影片、最佳男主角、最佳导演、最佳改编剧本、最佳剪辑和最佳视觉效果等六项大奖。在影片中，阿甘是个智商只有75的低能儿。在学校里为了躲避别的孩子的欺侮，他听从一个朋友珍妮的话而开始"跑"。他"跑"着躲避别人的捉弄。在中学时，他为了躲避别人而"跑"进了学校的橄榄球场，并最终"跑"进了大学。以后阿甘不仅被破格录取，还成了橄榄球巨星，受到了肯尼迪总统的接见。

大学毕业后，阿甘又应征入伍去了越南。在那里，他有了两个朋友：热衷捕虾的布巴和令人敬畏的长官邓·泰勒上尉。

在战争结束后，阿甘作为英雄受到了约翰逊总统的接见。在"说到就要做到"这一信条的指引下，阿甘最终闯出了一片属于自己的天空。在生活中，他结识了许多美国名人。他告发了"水门事件"的窃听者；他作为美国乒乓球队的一员到了中国，为中美建交立下了功劳。猫王和约翰·列侬这两位音乐巨星也是通过与他的交往而创作了许多风靡一时的歌曲。

最后，阿甘通过"捕虾"成为了一名企业家。为了纪念死去的布巴，他成立了布巴·甘公司，并把公司的一半股份给了布巴的母亲，自己去做一名园丁。阿甘经历了世界风云变幻的几个历史时期，但无论何时，无论何地，无论和谁在一起，他都依然如故，纯朴而善良……

贯穿阿甘一生的是他的"奔跑"，"奔跑"让他永不停滞，"奔跑"给他带来了人生中的一个又一个辉煌。

在强者的字典里，没有"半途而废"这个词语，他们像阿甘一样，不停地"奔跑"。他们对每件工作都持认真、负责到底的态度，他们积极主动地面对各种挑战。在他们的字典里，你只会看到"坚持到底，就是胜利""努力，再努力"等振奋人心的话。强者用自己的行动来证明一切，他们的言谈举止都表现了他们的实干性。他们的语言与行动总是能很好地配合，对那些没有任何行动支持的语言，他们是不喜欢的。他们会直接说："让我们马上去干！因为行动是最好的语言。"

有些半途而废的人，因为被一种只求稳定的心理束缚着，他们知道今天的地位是靠自己在逆境中努力拼搏得来的，知道它来得不容易，因此再次面对挑战时，总是故步自封，觉得自己付出很多，收获却太少。正是这种心理，使他们只顾权衡危险和利益，而错过了更多再次成功的机会。就这样，半途而废者放弃了再次攀登的机会，尽管已经走到了成功的门口，只要咬咬牙，迎接挑战，就能获取更大成功，但他们还是选择放弃，放弃"往上爬"的机会。

而强者不会放过"往上爬"的种种机会，因为他们经历了太多的逆境。他们或许来自于不利的环境，但却能从一个又一个逆境中不断走出来。

在那些强者的创业故事里，你会发现一个普遍的特征：在他们生活的某一段时间里，会面对巨大的逆境。这种逆境是我们每个人在人生中也会经历。

人要迎接挑战付出的代价是很大的，谁都不能掩饰这点，但是在战胜挑战后收获同样也是丰厚的。正是因为这样一个道理，那些懦弱的半途而废者所付出的代价，要比迎接挑战付出的还多。

"奇迹多是在厄运中出现的。"许多事在顺利的情况下做不成，而在受挫折后却能做得更完美、更理想。

成为强者的"阿甘们"一直在"奔跑"，用自己的坚强与执着谱写着人生一篇又一篇的辉煌乐章。

所以，说不如做，做不如做出成绩。要给领导交出最好的答卷，除了说，更重要的是成绩。领导的眼睛是雪亮的，如果员工能用业绩证明自己的价值和能力，领导就会毫不犹豫地重用你。

领导提拔员工只会考虑两种因素：能力和业绩。前者是基础，是员工被委以重任的前提；后者是表现，是员工能够被委以重任的证明。员工要想升职，就必须让自己的能力和业绩更出色一些。

李万钧1998年计算机专业本科毕业时，选择进入名气很大又对他有吸引力的软件行业的"老大"——微软公司，作为走向社会的第一步。初进微软，他只是技术支持中心一名普通的工程师。当时上司考核技术支持中心的标准是量化的，比如每个月完成了多少任务，解决了多少客户的问题等等。这些都记录在公司的报表系统每月给员工开出的"成绩单"上。

每月只有在得到这个"成绩单"之后，李万钧才知道自己上个月做得怎么样，在整个队伍里处于什么样的水平。这让急于上进的李万钧感觉这种报表系统有缺陷，他想，如果可以比较快地得到"成绩单"报表，从数据库内部推进到每天都有一个报表，从经理的角度，岂不是可以更好地调配和督促员工？而从员工的角度，岂不是会更快地得到促进和看到进步？

于是，李万钧花了一个周末的时间，利用微软服务器上的一种脚本，写了一个具有他所期望的基础功能的报表小程序，并在其主管经过工作区时展示了一下这个小程序。该主管马上认识到他的这些想法和小程序的价值，鼓励他完成这项开发，并花了很多时间与他探讨经理们希望看到哪些数据。

1个月后，李万钧开发的报表系统开始在公司内部投入使用。鉴于李万钧在报表系统上做出了出色的创新性工作，2000

年，李万钧的主管将一个重要的升迁机会给了他。

虽然李万钧在报表系统方面的"副业"与其本职工作并无直接的联系，但其主管从他创新的小发明中看到了他的一些潜在品质，认为他可以从更高的管理角度思考问题，便让他组建亚洲现场支持部。就这样，年仅24岁的李万钧被提拔为微软历史上最年轻的中层经理。

2001年，李万钧转任亚洲地区业务分析经理。2002年6月，李万钧开始主持微软总部技术支持业务的高级财务分析工作。李万钧再一次成为了这个团队中最年轻的成员。

李万钧用自己的成绩和能力证明了自己的价值，他以强者心态征服了微软高层。

员工的能力、员工创造的业绩是领导最关心的，有能力、业绩突出的员工才会受到领导赏识。业绩是员工身价最好的"说明书"，员工要想加薪、升职，就要用业绩来说话。而员工要取得出色的业绩，强者心态最重要。

没有够好，只有最好

"如果你们认为自己做得够好了，那么，微软离破产就只有
15个月！"这是比尔·盖茨时常告诫员工的话。这话听起来有些
耸人听闻，然而，细细品味，确实发人深省。

"我已经做得够好的了"，这不过是敷衍工作的借口而已，
总说这种话的员工是不会在工作上取得佳绩的，即使暂时取得了
佳绩，也会在自我满足中逐渐迷失自我。

在现实工作中普遍存在着这样一种员工：他们认为自己把工
作做了就是尽职尽责了，工作成绩是否理想完全不在他们的考虑
范围之内，当工作完成得不理想时，他们总是习惯说"我已经做
得够好的了"，其实说这种话就是对工作不负责任的表现。

　　不少人觉得企业是老板的，自己没有必要浪费过多的精力，于是在工作中抱着得过且过或"只要干好就行了"的心态，其实这样的行为不仅损害了公司的利益，对于自身的发展也存在着很大的局限性。

　　一个人在敷衍工作的同时，会将自身的才华和能力隐藏起来。自认为做得很好的员工实际上是不尽全力地工作，这种思想可能会让他们节省些精力，但也会让他们埋没于优秀员工之中，得不到领导的重用。

　　全力以赴地工作不仅能做出出色的工作业绩，也会让员工的能力得以最大化地展现。每个人的身上都蕴含着无限的潜能，如果员工能在心中给自己定下一个较高的目标，激励自己不断超越自我，那么员工很快就会摆脱平庸，走向卓越。

　　所以不要再说"我已经做得够好的了"，工作没有"够好"，只有最好。员工只有抱着全力以赴的心态，秉持着追求完美工作的理念，才能做出非凡的成绩，才能取得卓越的成就。

　　彼得曾是安联保险公司的一个普通业务员。他发奋工作的原因是他在公司的培训课上学到这样一句话：每个人都拥有超出自己想象10倍以上的力量。在这句话的激励下，彼得经常反省自己的工作方式和态度，通过反省他发现自己错过了许多可以和客户成交的机会。于是，他开始制订严格的工作计划，并将计划付诸每一天的工作中。3个月后，他回过头看看自己的工作进展，发现业绩已经比之前增加了2倍。数年以后，他拥有了自己的公司，在更大的舞台上检验着学到的那句话。

每个人都有自己突出的才能。但无论你的才能是什么，你都不要把它"藏起来"，你应该积极地把它发掘出来，并将它发挥得淋漓尽致。

事实上，面对激烈的竞争，员工应该意识到，工作永远没有"够好"的时候，只有把它"做到最好"才算真正完成。

比如：在销售行业，无论客户、上司还是老板，真正存心挑剔的时候并不多，他们对销售人员提出的要求，都是根据行业需要。像客户担心产品出问题，上司怕工作质量影响业绩，老板则更是迫于市场的巨大压力才严格要求员工，因为领导从来都无法对市场说："我们已经做得够好的了，你降低些要求吧！"市场是无情的，企业有时可能只比竞争对手稍逊一点点，就可能被淘汰出局。

所以，每个员工都要将"做到最好"变成一种习惯，这样就能从工作中学到更多的知识，积累更多的经验，就能从全身心投入工作的过程中获得业绩上更多的回报。

"没有最好，只有更好。"这是一句值得每个职场中人铭记一生的格言。有很多人因为养成了轻视工作、马马虎虎的习惯，以及对工作敷衍了事、糊弄的态度，终其一生都处于职场世界的底层，更谈不上成就事业了。所以要想在事业上有所突破，那就最好不要说"我做得够好了"这种话。

工作没有"够好"，只有最好。

❶ 责任心藏在细节里

在干工作的过程中，要细致入微，不放过任何一个细节，这样才能发现更多亟待解决的问题，才能找出更多完成工作的方法，才能发掘自己更多的潜能。

法国百科全书派领袖狄德罗认为，科学研究主要有三种方法：第一是对自然的观察，第二是对工作的思考，第三是对研究进行实验。应用到工作中，观察仔细是做工作开始，思考是指做好工作需要找方法，而遇到问题需要寻找解决问题的方法，而这一切首要的基础是在工作时认真负责，并对工作之中每一环节进行细致观察，最终靠实干出成绩。

在一次集团董事会之后，某董事毅然做出一个决定：撤出投资。这一消息立刻引起一片哗然，其他董事不明白该董事为何在公司发展势头正旺时撤资，这不是明摆着将放在面前的钱向外推吗？

谁知，就在这位董事撤资后不到两个月，该公司便因经营不善倒闭了。其众多股东的利益受到了极大损失。这时，那些董事又羡慕起之前撤资的董事运气好，可这位董事却告诉大家，他的行为，不是运气所致。

原来，开董事会的那天，这位董事注意到董事长的指甲打理得很漂亮，显然是经过了专业保养。他也就由此看到了公司惨淡的未来，董事长本应该忙于公司的事务，但一个将精力放在指甲修饰上的董事长又怎么会带领公司向前发展呢？

从董事长打理指甲这一细节中，该董事看到整个企业的发展前景，从而做出迅速撤资的决策，这位董事实在是一个善于观察细节的人，并且能从所观察到的细节出发，探究到问题的关键所在，从而做出了正确的选择。

我们再来看一个有关本田汽车的案例：

本田汽车在美国创下佳绩，创办人本田宗一郎功不可没。当本田汽车在日本站稳了脚跟后，他将目标市场移往了美国。

在20世纪80年代初期，美国汽车工业仍然执全世界的牛耳，日本汽车只是刚刚起步，本田宗一郎就思考如何在美国跨出成功的第一步。

本田宗一郎花了很长的时间观察美国的环境，他看到美国产的车款均注重豪华美观，相对也比较耗油。而当时中东情势不稳，随时都有可能爆发石油危机，油价上扬之势一触即发。

本田宗一郎观察后，得出了自己产汽车在美国上市的结论——以省油作为本田汽车的行销卖点。不久石油危机爆发，石油价格不断上涨，美国民众为了经济上的考虑，便选择了日本车种，本田汽车也就顺利地打进了美国市场。

在经营美国市场的数年间，本田汽车创下了非常好的销售量，但本田宗一郎并没有因此自满，他仍然密切注意美国对进口车的反应。他认为美国对日本的汽车进口十分敏感，可能会在几年内采取限制措施。为了防患于未然，本田宗一郎采取"本土主义"的应对做法，他在美国投资设厂装配汽车。除了厂长为日本人外，其他主管和员工皆为当地的美国人，他们所生产的本田汽车，都打上"Made in USA"（美国制造）的字样，可以说是在美国出生的日本车。

本田宗一郎的预测是正确的，后来，美国对日本汽车限制进口，但由于本田汽车已在美国投资，创造了许多就业机会，遭受的影响比其他日本汽车品牌要小得多。本田汽车也在创办人本田宗一郎的正确决策下，成为全球最有竞争力的汽车品牌之一。

本田宗一郎是一个在工作中善于观察细节的高手，也因为此，本田汽车才取得了全世界辉煌的业绩。

观察细节，是人们认识世界的方法之一，也是进行工作所需的条件。通过观察细节，人们可以更好地将工作细分，流程简化，及时发现问题，解决问题。

在美国企业中流传着这样一句话："上帝不仅会奖励努力工作的人，还会奖励观察细节，解决工作问题的人。"工作中，观察细节，迅速解决问题，人的工作效率就会凸显出来，其工作能力也会让人刮目相看。

无论是世界500强企业，还是一般的企业，都会遇到这样的问题：员工缺乏创新意识，不会创造性地解决问题；只知道一味地苦干，而不知道怎样提高工作效能；只知道完成任务，而不懂得做企业发展真正需要做的事……造成这些问题的根源就在于员工观察细节不够，责任心缺失，即员工在思想上只重视工作行为而忽略细节产生的高效益，只注重苦干而不注重细节产生的高效能。员工只有注重细节，提升工作效能，在观察细节时产生好思路，最终才能得到好结果。很多员工工作业绩不理想并不是因为他们不优秀，而是因为他们在细节上下功夫少，责任心不够。

子敏和王佳在同一家公司上班，在同一办公室里做着相同的工作。这天，她们面临着同样的事情：

① 做出下季度的部门工作计划，第二天上午交给老板；

② 约见一个重要的客户；

③ 11：30去机场分别接老板5年没见面的两个大学同学，并各自把他们送到酒店里；

④ 去一趟医院，给老板拿不同的药；

⑤ 去银行办理相关的事情；

⑥ 下班后分别请客户吃饭。

先看子敏是怎样做的：

因为前一天晚上睡晚了，所以子敏早晨起床有些迟，她匆忙打车到公司，还是迟到了5分钟。一进办公室的门，就听到电话响，原来是老板，交代她事情。

然后她打开电脑，上网到自己的信箱里，开始一一回复客户和公司的邮件，不停地打电话答复分公司的问询。最后一个电话结束，已经11点了。匆忙赶到机场，还好刚过10分钟，打老板同学的手机，关机，原来是飞机晚点。12点见到老板同学，送到酒店。回公司吃饭，这顿饭她吃得有点心不在焉，因为2：30要和客户见面，所以一边吃饭一边打电话和客户约定地点。2：20赶到约定地点。匆匆谈完，想起拿药。又想起工作计划还没写，正准备回公司写计划，银行打电话来催了。赶到银行，银行突然需要一份文件，气得她跟银行工作人员理论了半天，又返回公司。这时差一个小时就下班了，她觉得太累了，不想再写那份计划书了，她给一个同学打了电话，聊聊天感觉好了许多。放下电话，看到满桌堆着的文件，忽然觉得特烦，决定整理已拖了几个星期没整理的文件。整理完文件，已经到了下班时间。想起请客户吃饭，她更觉累了，吃饭时不断打哈欠。回到家，老公休息了，她却不得不泡一杯浓浓的咖啡，坐在电脑前，写工作计划。

子敏的一天可以说是忙乱的，我们再来看看王佳是怎么做的：

王佳在前一天晚上睡觉前就把第二天要做的重要事情在脑海里过了一遍，然后写了一张做事表。

准时上班后，开始打电话。先给各分公司打电话，请他们将相关材料通过电子邮件传送过来，并且告知上午不再接受他们的其他询问，下午她会给予答复，然后给客户打电话约时间、地点，将客户约见地点安排在接老板同学预订酒店的楼下咖啡店里。再给机场打电话，确定班机到达时间。最后给银行打电话，确定相关手续及需要准备的材料。打完电话后，她抓紧时间写工作计划，因为前一周已经零星写了一些，所以很快完成，并上传给老板。中间除了几个要接的电话，其他工作全部暂停。11点离开公司顺便拿上去银行办事的一切资料。因为知道飞机晚点半小时，所以去医院给老板拿药。从医院出来，直接到机场接老板同学，并陪其在酒店吃了一顿愉快的午餐，然后直接到旁边的咖啡店和客户谈事情，之后到银行办事，然后回到公司，将上午各分公司的事务集中处理完结。下班后，到洗手间把自己重新打扮一番，漂漂亮亮地去和客户吃晚饭，然后回家。

同样的问题，采用不同的工作方法，所取得的效果是不一样的。可见，计划定好，办事效率就会提高。而注重细节不仅能提升个人工作绩效，同时也是很多企业招聘人员时考核的一项关键素质。

工作中井井有条，对环节观察细心，就会有相应方法，这是企业赢利、个人受益的关键。因此，在现实工作中，注重细节就能做好工作。